W0269131

Wirkereilehre

Ein Leitfaden für Unterricht und Praxis

von

Dr. techn. Wilhelm Schmitz

Privatdozent an der Deutschen Technischen
Hochschule in Prag

Erster Teil

Warenkunde

Mit 151 zum Teil mehrfarbigen
Textabbildungen

Springer-Verlag Berlin Heidelberg GmbH
1929

ISBN 978-3-662-31750-1   ISBN 978-3-662-32576-6 (eBook)
DOI 10.1007/978-3-662-32576-6

Vorwort.

In keinem anderen Zweige des Textilwesens ist es anfangs so schwer, sich einigermaßen zurechtzufinden wie in der Warenerzeugung auf Wirk- und Strickmaschinen. Eine zusammenhängende Darstellung liegt bezeichnenderweise in der Literatur nicht vor. Die Bearbeitung des Stoffes in dieser Art dürfte daher allen, die die Absicht haben sich mit diesem Fache zu befassen, willkommen sein, zumal in knapper Form, damit die Behandlungsweise um so deutlicher hervortritt und das Buch als ein „Leitfaden für Unterricht und Praxis" verwendet werden kann.

Drei Worte sind für ein Buch von Bedeutung: der Stoff, die Behandlungsweise und die Herausgabe. Der Stoff ist gegeben, ihn liefert die Praxis, die Behandlungsweise hat der Verfasser aus Eigenem hinzuzufügen und die Realisierung des Buches liegt in der Hand des Verlegers.

Wer ein Buch technischen Inhaltes zur Hand nimmt, darf vor allem nicht erwarten, daß ein Buch die Beschäftigung mit dem Gegenstande selbst ersetzen könnte. Vorstellungen werden nicht anschaulich, wenn man sie noch so gut zergliedert hat, und Fertigkeiten kann man nicht darstellen. Derart unerfüllbare Forderungen aber liegen nahe, wenn man sich darauf beschränkt, die Vorgänge einfach zu beschreiben, wie sie in der Praxis stattfinden (der Volksmund sagt, Rezepte schreiben). Erzeugung ist denn doch etwas anderes als die Erklärung derselben. Die Aufeinanderfolge der Arbeiten bei der Erzeugung liefert noch keinen Zusammenhang. Darin liegt eben die Unerschöpflichkeit der Praxis, daß man es auch anders machen kann. Der Zusammenhang stellt sich erst ein, wenn man die Praxis als Anwendung von Erkenntnissen betrachtet. Der Stoff ist dazu neu zu ordnen. Das Buch hat geradezu die Aufgabe, die Praxis als Anwendung hinzustellen, denn ein Buch enthält ja statt der Dinge selbst, die Gedankenbilder der Dinge, die oft schon durch die Anordnung die angewendeten Beziehungen zueinander darstellen.

Das Textilwesen, speziell die Erzeugung der Fadenwaren, ist auf den Gesetzen der Anordnung oder des Zusammenhanges (Topologie) gegründet. Das ist Geometrie und ein geometrisch-mechanischer Teil muß. daher die Brücke zur Mechanik schlagen. Der Stoff ist somit in drei Abschnitte zu teilen:

1. Die Bindungslehre.
2. Die allgemeine Herstellungslehre (Warenkunde).
3. Die spezielle Herstellungslehre (Maschinenkunde).

Eine Bindungslehre kann nicht geschrieben werden, weil die Gesetze des Zusammenhanges noch nicht bekannt sind, welcher Mangel sich zum Teile auch in der Warenkunde bemerkbar machen wird. Es wurde deshalb der Warenkunde eine „Einführung" vorangestellt. Die Wirkwaren haben bekanntlich nicht eine so gleichmäßige Fadenlage wie die Gewebe. An eine geordnete Darstellung kann erst gedacht werden, nachdem eine Grundware nachgewiesen wurde (Punkt 1). Im Abschnitt „Die Arbeitsmethoden" wird dann auseinandergesetzt, wie diese Grundwaren entstehen können. Die weiteren Abschnitte enthalten einfache Beispiele zur Einführung in die spezielle Herstellung und eine Übersicht.

Die Warenkunde wird eingeleitet durch den Abschnitt: Bezeichnungen, die als eine Art natürlicher Warenkunde anzusehen sind. Neu ist hier die vom Verfasser eingeführte Warennumerierung und die Methode des Fachzeichnens. Insbesondere trägt die letztere nicht wenig bei, das Studium zu erleichtern. Aus der Auffassung als allgemeine Herstellungslehre ergibt sich die Einteilung in einfache Waren, Waren mit entwickeltem Gefüge und Gebrauchsgegenstände. Die Anzahl der Beispiele ist mit Rücksicht auf die Verwendung des Buches auf das notwendigste beschränkt und auch die Gebrauchseigenschaften sind deshalb nur gelegentlich angeführt worden. Der Zusammenhang der Fäden wird aus begreiflichen Gründen nicht mehr erörtert. Ist erst einmal der Überblick gewonnen, so kann man in Unterricht und Praxis leicht neue Beispiele hinzufügen. Immer steht die Entwicklung des Herstellungsvorganges im Vordergrunde und kraft der Anordnung ist manches ohne viele Worte verständlich. Am schwierigsten ist der Abschnitt über die Herstellung der Gebrauchsgegenstände, weil der Gebrauchszweck besonders hervortritt, sowohl hinsichtlich der Wahl des Stoffes, als auch der wechselnden und schwierigen Herstellungsarten. Der eingehenden Besprechung der typischen Erzeugnisse (Jacken, Hosen, Strümpfe und Handschuhe) wird eine Warenübersicht angeschlossen.

Einführung und Warenkunde ergeben einen in sich abgeschlossenen Teil, der allein benützt werden kann und daher allein erscheint. Der zweite Teil der Wirkereilehre, die Maschinenkunde wird später erscheinen und in ähnlicher Behandlungsweise eine geordnete Darstellung der Warenerzeugung auf den Maschinen enthalten.

Das technische Buch hat in der Neuzeit an Bedeutung sehr gewonnen. Die Theorie ist im Kurse gestiegen. Heute erwartet man die Entwicklung der Technik nicht mehr von genialen Autodidakten. Sie wird viel besser auf die Verbreitung einer gründlichen technischen Bildung gegründet, d. i. auf die Schule und das Buch. Die Herausgabe eines technischen Buches stellt auch den Verleger vor eine besondere Aufgabe. Der Verfasser, vor allem aber der Leser, sind daher der hochgeschätzten Verlagsbuchhandlung für die sorgfältige, in jeder Beziehung wahrhaft mustergültige, infolge des Farbendruckes noch erschwerte Arbeit bei der Herausgabe dieses Buches zu Dank verpflichtet.

Schönlinde, im Juli 1929.

Der Verfasser.

Inhaltsverzeichnis.

A. Einführung.

1. Die Entstehung der Maschenware.

Fäden lassen sich derart miteinander verschlingen, daß sie zusammenhängen. Durch die zweckmäßige Anwendung dieser Art der Vereinigung entsteht das Fadengefüge. Ein Fadengefüge, welches als Gebrauchsgegenstand oder zur Herstellung eines solchen verwendet werden kann, heißt Fadenware. Die Ware kann nur solche Eigenschaften haben, die aus der Verwendung von Fäden und der Anordnung derselben hervorgehen. Das erste und wichtigste zur Unterscheidung und für die Beurteilung der Herstellung der Waren ist die Kenntnis der Art der Fadenverschlingung (Fadenlage, Fadenverbindung) oder des Zusammenhanges.

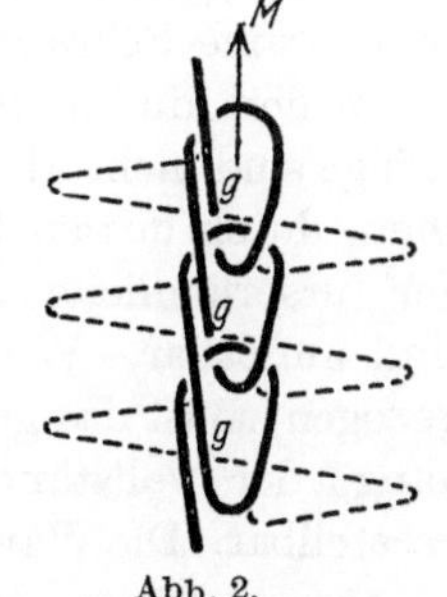

Abb. 1.

Der einfachste, nicht weiter zerlegbare Teil der Fadenverschlingungen der Maschenware ist in Abb. 1 gezeichnet. Der Faden bildet zwei Schleifen, die in der gezeichneten Weise verkettet sind. Der Zusammenhang ist darin nur insoweit wirksam, als der Faden nicht gestreckt werden kann, wenn man die Endpunkte voneinander entfernt. Der Faden erhält durch den Zusammenhang keine bestimmte Form, weshalb diese elementare Verschlingung in verschiedener Art zu einem Gefüge entwickelt werden könnte.

Durch die Entwicklung in zwei zueinander senkrechten Richtungen entsteht eine Ware von flacher Form, ein Stoff. Diese Richtungen sind in den folgenden Abbildungen mit M und R bezeichnet. Die Art der Entwicklung in der Richtung M ist durch die gezeichnete, besondere Fadenlage vorgezeichnet und besteht in einem Fortketten der Schleifen nach Abb. 2. Man nennt dieses Gebilde ein Maschenstäbchen. Mit dem Fortketten schreitet auch der Zusammenhang weiter fort, denn er besteht ebenso wie zwischen den beiden ersten Schleifen auch zwischen der zweiten und dritten, der dritten und vierten Schleife usw. Im Maschenstäbchen erlangt die Fadenlage insoweit schon Beständigkeit, als nur noch die Verschlingung der beiden Endschleifen veränderlich ist. Die unveränderlichen mittleren Schleifen liefern Formstücke, die man

Abb. 2.

Maschen nennt. Die Maschenform tritt jedoch erst bei der Entwicklung in der Richtung R deutlicher hervor. Diese besteht im Aneinanderreihen gleicher Stäbchen. Der Zusammenhang ist also einfacher. Er beruht auf keiner Fadenverschlingung. Durch ihn nimmt die Ware eine zylindrische Form an (Schlauchware).

Die Entstehung der Ware ist in den Abb. 2 und 3 dargestellt. Die einfachste Art, aus demselben Faden mehrere Stäbchen nebeneinander zu bilden, ist folgende. Die Fadenstücke g in Abb. 2 werden in der gezeichneten Weise verlängert. Sie liefern wegen der Schleifenfolge in der Richtung M Teile einer Schraubenlinie, oder aber es besteht jetzt das Stäbchen aus einer Schraubenlinie, deren aufeinanderfolgende Gänge an der Stelle M einander umschlingen. In dieser Fadenlage treten an Stelle der Schleifen mit gekreuztem Faden die offenen Schleifen, die Maschen. Mit den Schraubengängen lassen sich beliebig viele Maschenstäbchen nebeneinander bilden, wodurch die Maschenware mit dem einfachsten Gefüge entsteht. In Abb. 3 ist dieselbe, damit man die Fadenlage besser überblicken kann, so gezeichnet, daß die Stäbchen anstatt längs einer Schraubenlinie, längs einer Spirale angeordnet sind. Gewöhnlich werden die Stäbchen aus den offenen Maschen schon als die Maschenstäbchen bezeichnet. Das ist insofern ungenau, als man zu jedem solchen Stäbchen noch die allen gemeinsame Schraubenlinie hinzuzurechnen hat.

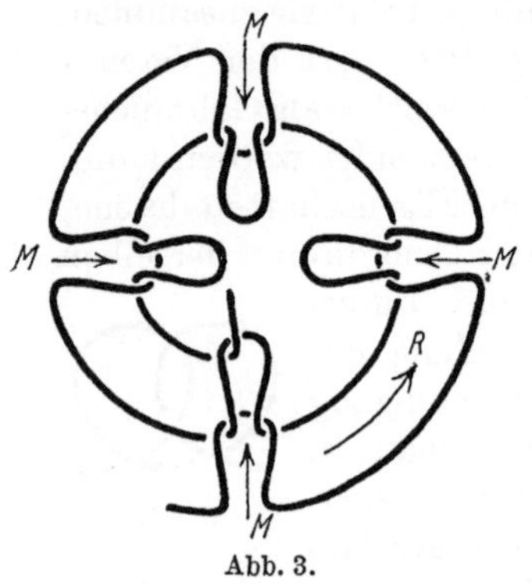

Abb. 3.

In dem durch die beschriebene Entwicklung entstandenen Fadengefüge sind nicht alle Maschenstäbchen genau gleich. Nur in dem Stäbchen, durch dessen letzte Schleife das Fadenende gezogen ist, besteht der ursprüngliche Zusammenhang. Alle anderen Maschenstäbchen sind auflösbar. Wird das Fadenende aus dem Maschenkopfe herausgezogen, so ist das ganze Gefüge auflösbar und obwohl ohne Zusammenhang, der vollständigen Gleichmäßigkeit wegen dann erst einfach herstellbar. Die Ware mit diesem Gefüge ist die Grundware der Wirkerei.

Verwandelt man die Überkreuzungen in Abb. 1 in die entgegengesetzten, so unterscheidet sich die in der gleichen Weise entwickelte, neue Grundware nur durch die Art der Schraubenlinie. Die Schraubenlinie in der Grundware Abb. 3 ist rechtsgängig und kann also auch linksgängig sein. Das Fadengefüge erscheint verschieden, je nachdem man die Grundware betrachtet. Die äußere Seite des Schlauches ist die rechte Seite, auf der die gestreckten Seitenteile der Schleifen sichtbar sind (Rechtsmaschen, Abb. 3), während auf der inneren, linken

Warenseite nur die gebogenen Teile der Schleifen wahrgenommen werden können. Stülpt man den Warenschlauch um, so ändert sich die Schraubenlinie. Zwei Grundwaren sind demnach verschieden, wenn bei gleichem Aussehen der Seiten die Steigungen der Schraubenlinien verschieden sind, oder wenn bei gleicher Steigung der Schraubenlinien die Seiten verschieden aussehen (Rechts- und Linksmaschen, Abb. 4a, b). Sie können ineinander nicht übergeführt werden.

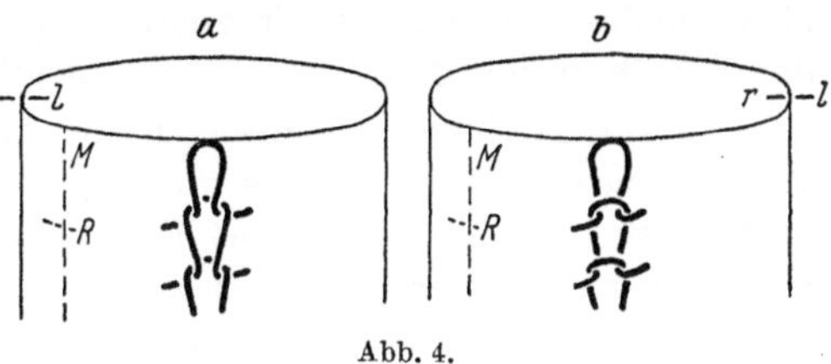

Abb. 4.

Damit ist jedoch die Anzahl der Grundwaren noch nicht erschöpft, denn man kann Maschenstäbchen ebenso auf einer zwei-, drei- usw. gängigen Schraubenlinie bilden. Das Gefüge der mehrgängigen Grundwaren gleicht sonst ganz dem der eingängigen Grundware, nur bestehen dieselben aus ebensoviel Fäden als Gängen. Unter allen Grundwaren ist außer der einfädigen noch jene von besonderer Bedeutung, die aus ebenso vielen Fäden besteht, als Maschenstäbchen vorhanden sind (Kettenware).

2. Die Arbeitsmethoden.

Die älteste Herstellungsart der Maschenware ist das Handstricken. Die Ware wird mit Hilfe der bekannten, einfachen Nadeln durch Handarbeit erzeugt. Von der einfädigen Grundware sind die letzten Schleifen sämtlicher Maschenstäbchen, d. i. der letzte Gang, auf die Tragnadeln T in Abb. 5 aufgehängt. Die Nadel, welche die letzte Schleife des Ganges trägt, ist die Arbeitsnadel A. Man sticht mit dieser in den ersten Maschenkopf auf T, erfaßt mit ihr den auf der linken Warenseite liegenden, gespannt gehaltenen Faden F, und zieht ihn durch den Maschenkopf. Die Nadeln T und A werden mit den Händen festgehalten. Um das nächste Stäbchen fortsetzen zu können, muß daher die Ware in der

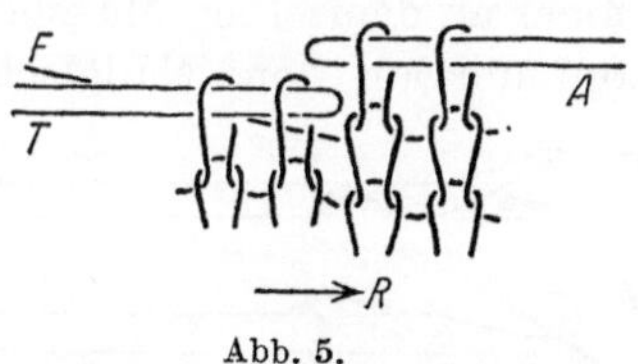

Abb. 5.

Pfeilrichtung seitlich verschoben werden. Diese Drehung wird bewerkstelligt, indem zuerst der alte Maschenkopf von der Tragnadel abgeworfen wird, und dann die auf der Arbeitsnadel befindlichen Maschenköpfe soweit verschoben werden, bis das nächste Maschenstäbchen vor die Spitze der Arbeitsnadel rückt. Die Ware entsteht, indem der Gang Masche um Masche allmählich fortgesetzt wird. Diese Arbeitsweise entspricht vollständig der Erzeugung der Schraubenlinie durch eine Drehbewegung in der Richtung R und eine fortschreitende Bewegung in der Richtung M.

Die durch die Maschenköpfe gezogenen Nadeln T und A ersetzen das am ursprünglichen Maschenstäbchen Abb. 2 durch die letzte Schleife gezogene Fadenende, weshalb alle Maschenstäbchen während der Arbeit jederzeit gegen das Auftrennen gesichert sind. Zugleich erhalten die Maschenköpfe durch die Tragnadeln eine bestimmte Lage, wodurch das Einführen der Arbeitsnadel wesentlich erleichtert wird.

Das Handstricken ist insofern die einfachste Herstellungsart der Maschenware, als die Hände nur an einer Stelle und nur mit einem Faden arbeiten können. Diese Beschränkung entfällt bei der Warenherstellung auf Maschinen. Man kann jeden Maschenkopf auf eine Nadel hängen. Die Ware wird auf einer Nadelreihe, mit ebensoviel Nadeln als Maschenstäbchen vorhanden sind, hergestellt und jede Nadel arbeitet an demselben Maschenstäbchen weiter. Da ferner auch mehrere Nadeln zugleich arbeiten können, so ist die Herstellung mehrgängiger Ware möglich. Der Arbeitsvorgang tritt so in seinen Teilen erst klar hervor und es kann auch die Arbeitsweise der Nadeln verbessert und entwickelt werden.

In der Wirkerei werden folgende Ausführungen der Nadel verwendet: die Hakennadel, die Zungennadel und die Doppelzungennadel.

Die Hakennadel, Abb. 6a und b, ist ein Draht mit lang ausgezogener und umgebogener Spitze. Im Nadelschafte befindet sich eine Nut,

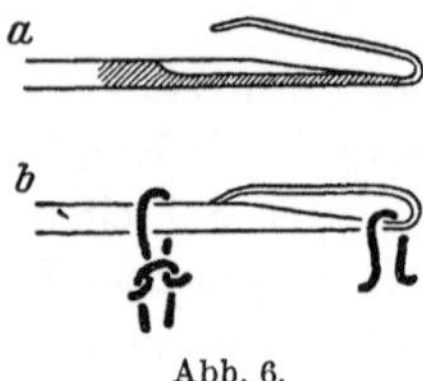

Abb. 6.

die Zasche, in welche die federnde, am Ende nach abwärts gebogene Spitze versenkt werden kann. Diese Einrichtung ermöglicht ein leichtes Durchziehen des Fadens, indem der am Schafte hängende Maschenkopf über den geschlossenen, den Faden enthaltenden Haken in einer geraden Bewegung abgeschlagen wird (Abb. 6b). Da die Nadel immer an demselben Maschenstäbchen bleibt, so ist der neue Maschenkopf nur auf dem Nadelschaft zurückzuschieben, um beim nächsten Gange ebenso abgeschlagen zu werden. Es entfällt das schwierige Einführen der Nadel in den Maschenkopf beim Handstricken.

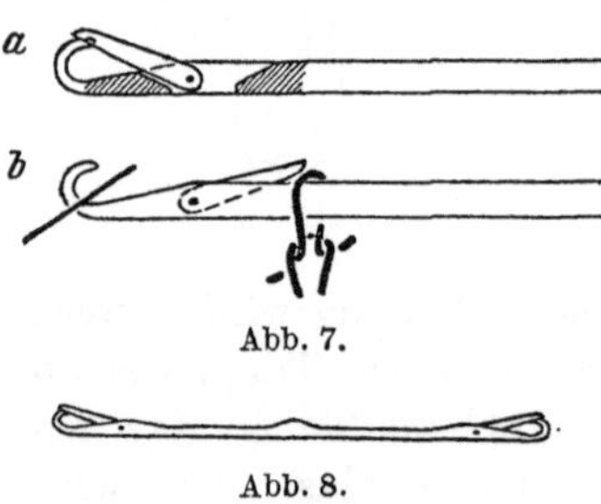

Abb. 7.

Abb. 8.

Die Zungennadel Abb. 7a und b besitzt einen kurzen Haken und eine in einen Schlitz am Schafte eingesetzte und um eine Niete drehbare Zunge. Der Faden wird bei umgelegter Zunge in den Haken gelegt. Der hinter der Zunge befindliche Maschenkopf schlägt beim Durchziehen der Nadel zuerst die Zunge auf den Haken nieder und gleitet dann über die Zunge von der Nadel herunter (Abb. 7b). Das Schließen und Öffnen des Hakenraumes erfolgt also selbsttätig.

Die Doppelzungennadel, Abb. 8, hat Haken und Zunge auf beiden
Enden. Sie wird verwendet, wenn im Maschenstäbchen sowohl Rechts-
als auch Linksmaschen hergestellt werden sollen. Man legt den Faden
einmal in den einen Haken und schlägt den in der Mitte hängenden
Maschenkopf in dieser Richtung ab, oder man legt ihn ein anderes Mal
in den zweiten Haken und zieht den Faden in der entgegengesetzten
Richtung durch den Maschenkopf.

Die Nadeln liegen, wie sich aus der Anordnung der Maschenstäbchen
in der Grundware ergibt, nebeneinander in einer Reihe und diese Reihe
ist geschlossen. Beim Handstricken liegen die Nadeln längs des Ganges
der Maschenköpfe, was möglich ist, weil die Nadeln bei der Fortsetzung

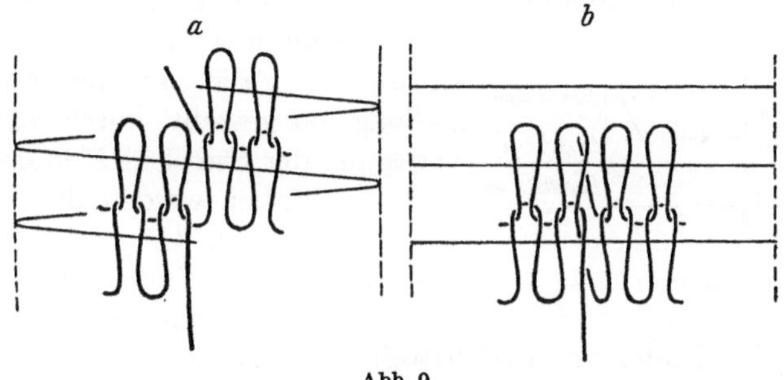

Abb. 9.

des Ganges von Stäbchen zu Stäbchen mitwandern. Die Ware entsteht
genau nach der Fadenlage (Abb. 9a). Bleiben die Nadeln an demselben
Maschenstäbchen, so wäre die Anordnung längs der Schraubenlinie
ungünstig und vor allem ein Hindernis für die weitere Entwicklung des
Arbeitsvorganges. Sind dagegen die Nadeln längs einer geschlossenen
Linie angeordnet, so befinden sich alle Maschenköpfe in derselben Höhe.
Der letzte Gang hat keine Steigung. In Abb. 9b ist ein Stück der ein-
fädigen Grundware so gezeichnet, als hätten die Gänge die Lage, die
sie ursprünglich auf den Nadeln hatten, beibehalten und als würde die
Ware gangweise entstehen.

Die verschiedenen Arten wie sich die Warenherstellung entwickelt
hat, indem der Zuwachs der Ware Masche um Masche gesteigert wird
auf den Zuwachs von Reihe um Reihe, bezeichnet man als die Arbeitsmethoden.

a) Das Handstricken.

Der Arbeitsvorgang setzt sich zusammen aus den Bewegungen der
Nadeln und der Drehung der Ware. Die Arbeit der Nadel besteht aus
dem Durchstechen des Maschenkopfes, dem Umschlingen des Fadens
und dem Durchziehen des Fadens. Beim Handstricken muß jedesmal
die Fertigstellung der Masche abgewartet werden, bevor die Ware
geschaltet werden kann. Der Gang wird ruckweise fortgesetzt. Um das

Handstricken leichter vorstellen und beurteilen zu können, ist dasselbe in Abb. 10 in Übersichtsform dargestellt. Die Entfernung der Punkte *1, 2, 3, 4, 5,* usw. auf *x* sei gleich der Entfernung der Maschenstäbchen voneinander. Die senkrechten Strecken bedeuten die Arbeit der Nadel, d. h. die Arbeitsbewegungen derselben sind ersetzt durch die Bewegung eines Punktes von *1* usw. bis *N*. Da die Bewegung *D* der Ware nicht dargestellt werden kann, so hat man sich die Arbeitsstelle, bzw. die Strecke *1N* von *1* nach *2* usw. versetzt zu denken, sobald der Punkt in *N* angelangt ist. Eine allgemeinere Auffassung wird gewonnen, wenn man annimmt, daß die Ware nicht ruckweise, sondern stetig gedreht wird. Dann geben die zwischen *2N* und *x* gezogenen Linien an, wie weit die Maschenbildung zwischen *1* und *2* fortgeschritten ist,

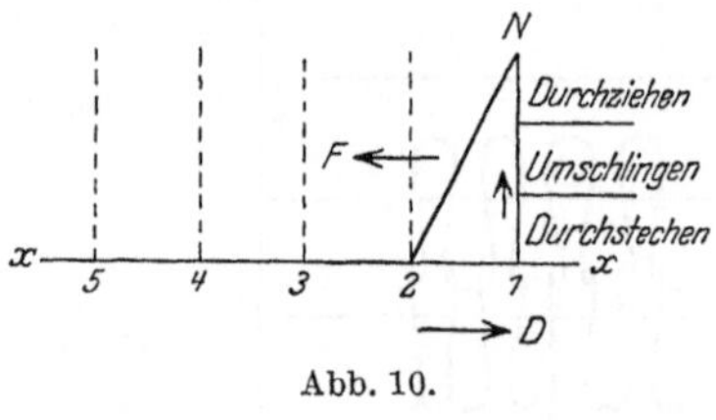

Abb. 10.

wenn sie an der Stelle *1* beendet ist. In diesem Falle ist die Warenherstellung dargestellt durch die Fortbewegung der Strecke *2N* in der Richtung *F*. Dabei werden die Strecken *1, 2, 3, 4* usw. von *2N* geschnitten und das Stück vom Fußpunkte bis zum Schnittpunkte gibt an, wie weit die Arbeit der Nadel an dem betreffenden Maschenstäbchen fortgeschritten ist. Niemals werden zwei Strecken zugleich geschnitten. Verlegt man den Fußpunkt der Strecke *2N* etwa näher an den Punkt *1*, so bedeutet diese Veränderung, daß die Nadel nicht ununterbrochen arbeitet, sondern nach der Ausbildung jeder Masche eine Pause eintritt. Nach links, über *2* hinaus aber darf der Fußpunkt nicht verlegt werden.

Die Arbeitsgeschwindigkeit ist abhängig von der Zeit, in welcher der Punkt die Strecke *1—N* durchläuft. Man kann ferner annehmen, daß die Ausbildung einer großen Masche nicht länger dauert als die Herstellung einer kleineren Masche, d. h. die Strecke *1—N* bleibt gleich und *F* ist demnach nur noch von der Entfernung der Maschenstäbchen voneinander abhängig. Die Leistung ist geregelt durch die Größe der Maschen. Je gröber die Ware, um so größer die Arbeitsgeschwindigkeit.

Die folgenden Arbeitsmethoden ergeben sich aus der Einführung der Nadelreihe und der Entwicklung der eingängigen zur mehrgängigen Ware.

b) Das mechanische Stricken.

Zum Stricken auf einer Nadelreihe eignet sich am besten die Zungennadel, denn die Arbeitsweisen mit der Hakennadel und mit der Handstricknadel unterscheiden sich mehr voneinander. Das mechanische Stricken ist die erste Entwicklungsstufe von der Maschenbildung zur Maschenreihenbildung, da statt mit einer Nadel, mit einer Gruppe

von Nadeln gestrickt wird. Die Erzeugungslinie F, Abb. 11 erstreckt
sich über die Breite von mehreren Maschenstäbchen. Jede Nadel n
wird in ihrer Längsrichtung vor und zurückbewegt, und erzeugt dabei
an ihrem Maschenstäbchen eine neue Masche. Die Maschenbildung
ist aber auf jeder Nadel der Gruppe in einem anderen Entwicklungszustande, der in der Abbildung dargestellt ist durch die Stücke, welche
die Erzeugungslinie auf den Strecken *1—4* abschneidet. Die einzelnen
Teile der Nadelarbeit haben besondere Namen erhalten. Die Verschiebung des Maschenkopfes auf der Nadel vom Haken bis hinter die Zunge
heißt das Einschließen, das
Einlegen des Fadens in den
Hakenraum ist das Faden-
legen, das Aufschieben des
Maschenkopfes auf die den
Hakenraum abschließende
Zunge heißt Auftragen und
das Abwerfen des Maschen-
kopfes von der Nadel ist das
Abschlagen. Die Schleifenbildung und das Durchziehen
des Fadens wird nicht be-
sonders bezeichnet. Ein aus
den Stäbchen k zusammenge-
setzter Abschlagskamm hält
die Ware beim Durchziehen
des Fadens zurück. Die Seitenbewegung D kann entweder
die Ware mitsamt den Nadeln

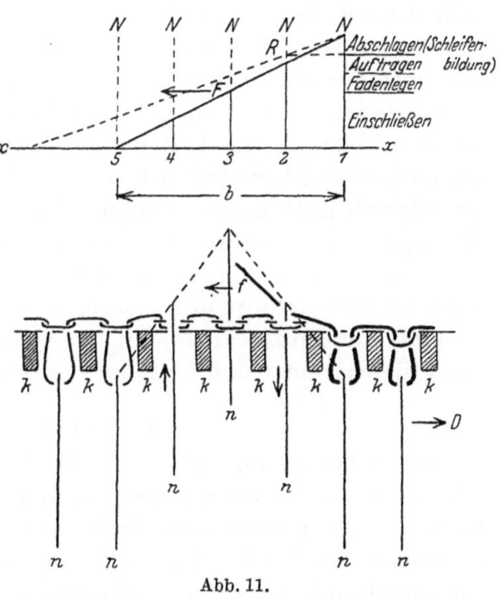

Abb. 11.

ausführen oder dieselbe bleibt am Orte und es wird der Faden f gelegt,
indem sich der Fadenführer der Nadelreihe entlang bewegt. Im ersten
Falle bleibt die Nadelgruppe und der Fadenführer am Orte, im anderen
Falle schreiten beide (die Arbeitsstelle) gemeinsam fort.

Die Breite der Nadelgruppe ist unabhängig von der Teilung der
Maschen. Sie muß nicht gerade ein Vielfaches sein. Der Fußpunkt der
Erzeugungslinie, der in Abb. 11 auf einen Teilpunkt fällt, kann auch
zwischen zwei der auf x bezeichneten Punkte liegen. Es hat dann keinen
Sinn mehr, von einer Gruppe zu sprechen, die eine bestimmte Anzahl
von Nadeln enthält. Trotzdem die Maschen auf den einzelnen Nadeln
unabhängig voneinander entstehen, wird der Gang beim mechanischen
Stricken tatsächlich stetig fortgesetzt.

Das Stück, um welches die Nadel vor- und zurückbewegt wird,
ist bei der Bildung einer größeren Masche nur wenig länger. Man kann
annehmen, daß (wie beim Handstricken) Maschen von verschiedener

Größe in nahezu der gleichen Zeit herzustellen sind, und da die Maschenteilung auch keinen Einfluß hat, so kann man grobe oder feine Ware gleich schnell stricken. Die Arbeitsgeschwindigkeit nimmt nicht mit der Maschenteilung, sondern nur mit der Breite der Gruppe zu. Vorausgesetzt, die Masche würde beim mechanischen Stricken in der gleichen Zeit entstehen wie beim Handstricken, und die Maschenteilung wäre ebenfalls gleich, dann wäre in dem gezeichneten Falle, d. i. bei einer Breite b von 4 Teilungen, die Arbeitsgeschwindigkeit des mechanischen Strickens viermal größer, wäre die Teilung aber halb so groß, dann würde sich die Arbeitsgeschwindigkeit verachtfachen usw.

Das mechanische Stricken kann nicht bis zur Maschenreihenbildung gesteigert werden, denn der Faden läßt sich nicht durch alle Maschenköpfe des Ganges zugleich hindurchziehen. Es ist schon schwierig, zwei Schleifen auf einmal zu bilden. Unter der Annahme, daß eine Schleife nach der anderen entsteht, ergibt sich eine bestimmte Größe für die Breite b und auch für die größte Arbeitsgeschwindigkeit. Man erhält die betreffende Erzeugungslinie, wenn man den Endpunkt der Schleifenbildung auf $1-N$ mit dem Anfangspunkt R derselben auf $2-N$ verbindet und die Linie bis zum Schnitt mit x verlängert. Beim Stricken in dieser Breite ist statt der Einzelnausbildung von Maschen (des Handstrickens) nur noch die Einzelnausbildung von Schleifen notwendig.

c) Das Wirken.

Die Arbeitsgeschwindigkeit, die beim mechanischen Stricken erreicht wird, kann zwar durch die Herstellungsart nicht weiter erhöht werden, doch sind die Vorteile des Arbeitens auf einer Nadelreihe noch keineswegs erschöpft. Die Schleifen entstehen noch auf dieselbe Art wie beim Handstricken, obwohl sie auf einer Nadelreihe besser hergestellt

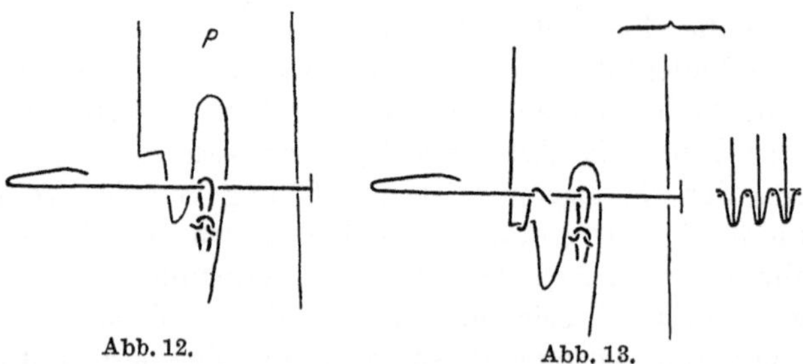

Abb. 12.   Abb. 13.

werden können. Beim Wirken wird aus dem Faden auf der Nadelreihe zuerst eine Schleifenreihe gebildet und über dieselbe dann sämtliche Maschenköpfe des Ganges auf einmal abgeschlagen. Wirknadel ist die Hakennadel.

Man unterscheidet an dem Arbeitsvorgange gewöhnlich folgende Abschnitte oder Zeiten:·

Das Einschließen, Abb. 12. Die Maschenköpfe werden mit den zwischen den Nadeln stehenden Platinen *P* aus dem Hakenraume zurück auf den Nadelschaft geschoben und dort in den Kehlen festgehalten.

Das Fadenlegen und Kulieren, Abb. 13. Der Faden wird quer über die Nadelreihe gelegt und die Platinen gesenkt. Sie treffen den Faden mit der Nase und ziehen ihn zwischen den Nadeln zu Schleifen aus. Damit eine Schleife nach der anderen entsteht, darf die nächste Platine den Faden erst treffen, nachdem die erstere die tiefste Lage erreicht hat. Der Vertikalabstand der Platinennase von der Nadel heißt Kuliertiefe. Man reguliert die Schleifenlänge durch Änderung der Kuliertiefe. Der Faden wird beim Wirken, da er nur über die glatten Nadeln und Platinen gleitet, weniger angestrengt als beim Stricken und es ist leichter, Schleifen von genau gleicher Länge zu erhalten. Der Stoß beim Auftreffen der Platine ·auf

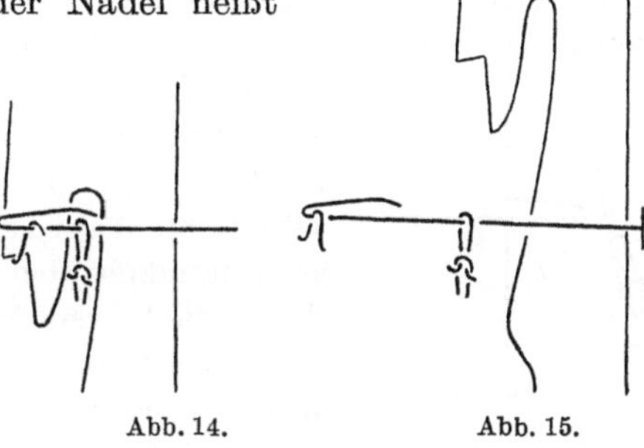

Abb. 14.   Abb. 15.

den ruhenden Faden ist bei größerer Kuliergeschwindigkeit so groß, daß der Faden zerreißt. Der Faden soll deshalb möglichst leicht (mit geringer Spannung) von der Spule ablaufen. Die Zeit für die Ausbildung einer Masche, d. i. nach Abb. 11 die Zeit, in welcher der Punkt die Strecke *1—N* durchläuft, kann nicht beliebig abgekürzt werden. Ist diese Grenze erreicht, so kann die Arbeitsgeschwindigkeit auch wegen der heftigen Kulierstöße nicht mehr erhöht werden.

Das Vorbringen, Abb. 14. Die Platinen schieben die Schleifen von der Kulierstelle auf den Nadeln in den Haken. Dabei gelangen auch die Maschenköpfe in den Hakenraum, was zwar nicht beabsichtigt ist, sich bei dieser ursprünglichen Form der Platine aber nicht vermeiden läßt.

Das Ausschließen, Abb. 15. Die Platinen werden gehoben, bis die Schnäbel über den

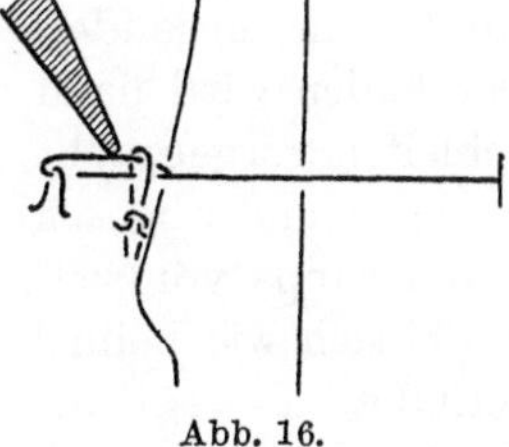

Abb. 16.

Nadeln stehen, denn sie würden sonst das Durchziehen der Schleifen behindern. Das Ausschließen erfolgt schief nach rückwärts, damit auch die Maschenköpfe wieder an ihre frühere Stelle gelangen. Diese Bewegung heißt Ausstreichen.

Das Pressen und Auftragen, Abb. 16. Die Nadelspitzen werden mit Hilfe einer Schiene in die Zaschen versenkt und dann die Maschenköpfe mit den Schäften der Platinen auf die Haken geschoben.

Das Abschlagen, Abb. 17. Die Presse wird entfernt und die Platinenschäfte streifen die Maschenköpfe von den Nadeln herunter. Damit die Maschenköpfe sich in die Schleifen ordentlich einhängen, muß die Ware etwas gespannt werden. Die Platinenkante tritt schließlich noch ein Stückchen über die Nadelköpfe heraus, um die Schleifen anzuspannen und auszugleichen. Da die Schleifen schon vorher gebildet wurden, geht das Abschlagen sehr leicht vonstatten.

Die Herstellungsart eingängiger Ware hat im Wirken die Vollendung erreicht. Die Ware entsteht gangweise, wenn auch noch nicht durch Maschenreihenbildung, da das Kulieren nicht auf allen Nadeln gleichzeitig stattfindet. Die Ware ist von höchster Gleichmäßigkeit und, da der Faden sehr schonend behandelt wird und die einfachere Hakennadel selbst in den schwächeren Ausführungen noch verwendbar ist, so kann auch sehr feine Ware hergestellt werden. Die Arbeitsgeschwindigkeit aber ändert sich nur wenig, denn was durch die bessere Ausführung der Arbeiten gewonnen wird, geht durch die Absonderung des Kulierens wieder verloren.

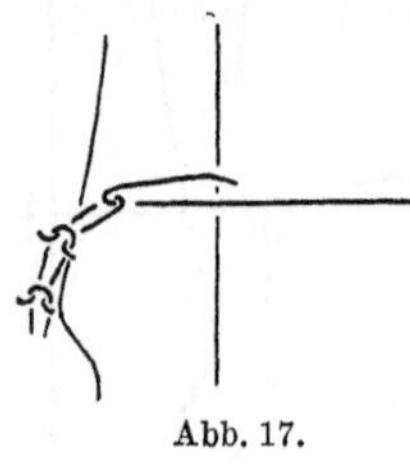

Abb. 17.

Man kann beim Wirken nur während des Kulierens von einer Arbeitsstelle sprechen, die längs der Nadelreihe fortschreitet. Für die anderen Arbeiten ist schon die ganze Nadelreihe Arbeitsstelle. Der gangweisen Herstellung entspricht die begrenzte Nadelreihe besser als die geschlossene. Die Ware wird deshalb stets auf einer Reihe von zueinander parallelgestellten Nadeln (flache Reihe) gearbeitet, auf der statt der schlauchförmigen eine flache Ware entsteht.

Das Kulierstricken. Diese Arbeitsmethode ist eine Verbesserung des Strickens, einerseits durch Verwendung der Hakennadel, andrerseits durch eine gesonderte Schleifenbildung ähnlich wie beim Wirken. Der Faden wird nach dem Einschließen von den Platinen kuliert, die Schleifen vorgebracht, die Nadeln gepreßt und die Maschenköpfe aufgetragen und abgeschlagen. Aber alle diese Arbeiten gehen auf einer Nadelgruppe vor sich, auf welcher der Herstellungsvorgang auf jeder Nadel sich wie beim Stricken in einem anderen Entwicklungszustande befindet. Bewegt wird die stets rundgeschlossene Nadelreihe mit der Ware, die Arbeitsstelle (Gruppe) mit dem Faden bleibt am Orte. Die Ware ist gleichmäßiger als Strickware, sie kann feiner hergestellt werden und der Faden wird weniger angestrengt. Als eine besondere Arbeitsmethode aber kann das Kulierstricken, das gewöhnlich nur Wirken genannt wird, nicht aufgefaßt werden.

d) Das Stricken von mehrgängiger Ware.

Der Entwicklung des Gefüges von der eingängigen zur mehrgängigen Ware entspricht eine Herstellungsart, die in der Richtung des Maschenstäbchens erweitert ist. Das Maschenstäbchen M in Abb. 18a ist statt um eine Masche, um mehrere Maschen fortzusetzen. Wird die Arbeitsstelle durch mechanisches Stricken oder Kulierstricken zugleich auch auf mehrere Stäbchen erweitert, so nimmt sie nunmehr den Raum A ein, und die Ware entsteht flächenstückweise. Da aber die Nadel eingerichtet ist, nur eine Masche nach der anderen auszubilden, so muß die Arbeitsstelle verteilt werden, damit eben jeder Gang für sich gestrickt werden kann. Die Gangstücke (Maschenköpfe) innerhalb der Arbeitsstelle sind dann nicht übereinander, sondern wie in Abb. 18b nebeneinander

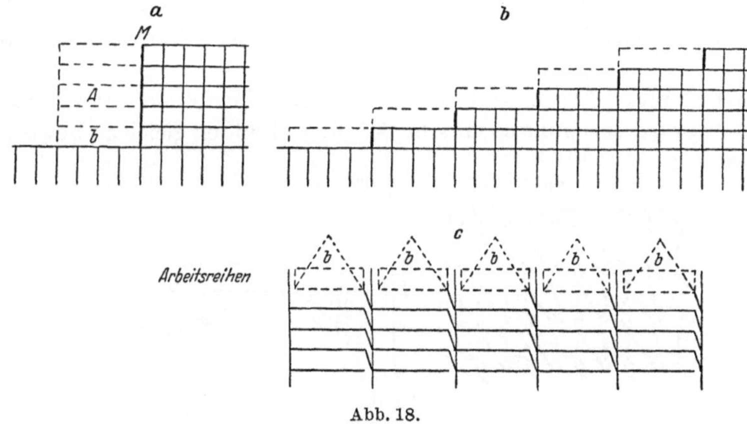

Abb. 18.

anzuordnen. Auf der geschlossenen Nadelreihe setzen sich sämtliche Gangstücke zu einer Arbeitsreihe nach Abb. 18c zusammen.

Damit die Arbeitsstelle die ganze Nadelreihe umfaßt, muß die Strickbreite b multipliziert mit der Gangzahl gleich sein dem Umfange oder der Breite der Nadelreihe. Doch wird die Nadelreihe niemals ganz ausgenützt. Die Nadelgruppen (Systeme der Maschenbildung) reichen nicht über die ganze Länge des Gangstückes.

Mit dieser Arbeitsmethode wird die Arbeitsleistung wieder um ein Vielfaches gesteigert. Für eine etwa zehngängige Ware und eine Strickbreite von 20 Nadeln wäre sie, vorausgesetzt, daß die einzelnen Maschen nicht schneller entstehen als beim Handstricken, 200mal so groß. Die Höchstleistung wird erreicht, wenn zwischen den Systemen keine Nadel freibleibt und ändert sich nicht, wenn auch die Systeme verschiedene Breite haben oder die Anzahl verändert wird. Denn man kann nicht mehr erreichen, als daß jede Nadel ununterbrochen arbeitet.

e) Die Maschenreihenbildung.

Die Anzahl der Gänge in der Grundware kann unbegrenzt sein. Auf einer gegebenen Nadelreihe aber kann sie nicht mit einer größeren Anzahl von Gängen als Nadeln vorhanden sind, hergestellt werden. In

diesem Falle umfaßt jedes System nur noch eine einzige Nadel. Die
einzelnen Gänge werden dann nicht mehr durch mechanisches Stricken
fortgesetzt, sondern jeder Gang wieder wie beim Handstricken, Masche
um Masche verlängert. Die Leistung aber ändert sich nicht. Denn was
infolge der Verminderung der Breite b verloren geht, wird durch die
Erhöhung der Gangzahl wieder gewonnen. Jede Nadel arbeitet ununterbrochen. Die ganze Reihe entsteht in derselben Zeit wie eine einzige
Masche. In dieser Art ist es möglich, Maschen auf allen Nadeln zugleich
herzustellen. Durch die Beschränkung des Systemes auf eine Nadel
wird der Herstellungsvorgang derart vereinfacht, daß man die Nadelreihe erst vollständig ausnützen bzw. mit der vollen Gangzahl arbeiten
kann.

Da die Ware (Abb. 19a) auf der ganzen Nadelreihe gleichmäßig
fortgesetzt wird, so sind alle Maschenköpfe und Fäden gleich zu bewegen.

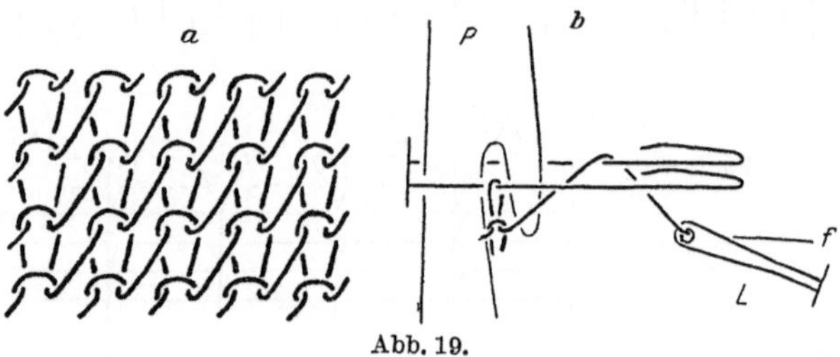

Abb. 19.

Die Gesamtheit der Fäden heißt Kette und die Arbeit das Kettenwirken,
wozu die Hakennadel sich ebensogut eignet wie die Zungennadel. Vor
der Nadelreihe Abb. 19b befindet sich die Reihe der Lochnadeln L mit
den Fäden f. Die Lochnadeln stehen zwischen den Nadeln und sind an
eine Schiene befestigt. Die ganze Einrichtung heißt Legschiene oder
Leiter. Die Platinen P haben keine Kuliernase, da sie entbehrlich ist,
und sind gleichfalls an einer Schiene, der Platinenbarre, befestigt. Die
Nadeln liegen fest.

Das Einschließen. Die Maschenköpfe werden von den Schnäbeln
der Platinen erfaßt, auf den Nadeln zurückgeschoben und dort in den
Kehlen der Platinen festgehalten. Zugleich wird die Legschiene gegen
die Nadeln bewegt, bis die Lochnadeln unterhalb der Nadeln stehen.

Das Fadenlegen. Die Legschiene wird gehoben, dabei gehen die
Lochnadeln durch die Nadeln, um eine Teilung nach rechts oder links
bewegt und wieder gesenkt. Die Fäden legen sich auf die Nadeln,
weshalb man diese Bewegung die Legung auf die Nadeln oder über die
Nadeln nennt.

Das Vorbringen und Pressen. Platinen und Legschiene werden
wieder vorbewegt, wobei die Fäden in den Hakenraum gelangen und die
Maschenköpfe gleichfalls sich den Haken nähern, worauf die Nadeln

gepreßt werden. Es kann vorkommen, daß der eine oder andere Faden beim Einschließen vom Schnabel der Platine erfaßt wird. Er kommt dann zu nahe beim Maschenkopf auf die Nadel und gelangt, vom Schnabel zurückgehalten, beim Vorbringen nicht in den Hakenraum. Die Leg-schiene wird dann vor dem Einschließen, entgegengesetzt als die Legung erfolgt, ein Stück seitswärts bewegt, wobei die Kettenfäden den Schnäbeln der Platinen ausweichen.

Das Ausschließen und Auftragen. Die Platinen werden nach aufwärts bewegt, bis die Schnäbel über den Nadeln stehen und die Maschenköpfe auf die Nadelhaken geschoben.

Das Abschlagen und die Bildung der Schleifen. Die Platinen-schäfte streifen die Maschenköpfe von den Nadeln ab. Um den Faden durchzuziehen, bewegen sich die Platinenschäfte noch ein Stück vor die Nadelköpfe. Die Länge der Schleifen kann sich jedoch nachträglich noch ändern, wenn die Spannungen von Kette und Ware nicht richtig ausgeglichen sind. Da die Fadengänge mit den letzten Schleifen auf den Nadeln hängen bzw. zwei nebeneinander liegende Maschen durch den Faden nicht zusammenhängen (Abb. 19a), so werden die Schleifen durch eine übermäßige Spannung der Ware noch länger ausgezogen. Überwiegt dagegen die Spannung der Kette, so werden sie verkürzt.

Die Kettenware wird meist auf einer flachen Nadelreihe hergestellt. Doch ist die Form der Nadelreihe nicht in dem Maße abhängig von der Form des Ganges wie beim Wirken, weil die Gänge beim Kettenwirken ja nur mit den letzten Maschen auf den Nadeln hängen.

Anmerkung: Im Sprachgebrauche werden nur zwei Arbeitsmethoden unter-schieden: das Wirken und das Stricken. Ferner fehlt noch ein allgemeiner Name für sämtliche Arbeitsmethoden und Waren. Maschenware ist zu allgemein, und man kann das Häkeln und andere Arbeitsvorgänge, durch welche Maschen auch entstehen, wie etwa das Nähen, nicht zu unseren Arbeitsmethoden rechnen. Sehr oft verwendet man als Gattungsnamen das Wort Wirken und unterscheidet die Arbeitsmethode als Wirken im engeren Sinne von dem Wirken im weiteren Sinne, als dem Inbegriff sämtlicher Arbeitsmethoden.

3. Die Handstrickmaschine.

Die Maschine hat zwei einander gegenüberliegende, flache Nadel-reihen. In Abb. 20 ist *1* die rückwärtige, *2* die vordere Reihe. Die beiden Teile geben zusammengenommen eine geschlossene Nadelreihe, wenn man auf denselben anschließend fortstrickt. Die Nadeln liegen in den Kanälen der Nadelbetten *3*. Der Schaft ist flach, damit sich die Nadel nicht drehen kann und am rückwärtigen Ende zum Nadelfuß aufgebogen. Die Nadelfüße treten etwas aus den Kanälen heraus, weil die Nadel dort in Bewegung gesetzt wird. Die tiefste Lage der arbeitenden Nadel ist bestimmt durch das Anliegen an die Feder *4*. Die Rippen oder Stege des Nadelbettes sind im oberen Teile abgesetzt, am Ende aber wieder

vorhanden, wo sie den Abschlagskamm bilden. Der Faden *5* ist in den
Fadenführer eingezogen. Derselbe besteht aus dem Bügel *6*, dem auf
der Schiene *8* verschiebbaren Schlitten *7* und dem Halter mit dem Nüßchen *9*. Der Faden ist auf die Standspule *10* aufgewickelt. Beim Ablaufen passiert er die Ösen *11, 12, 13* und das Nüßchen, welches so tief
zu stehen hat, daß die Nadelhaken den Faden erfassen können. Die

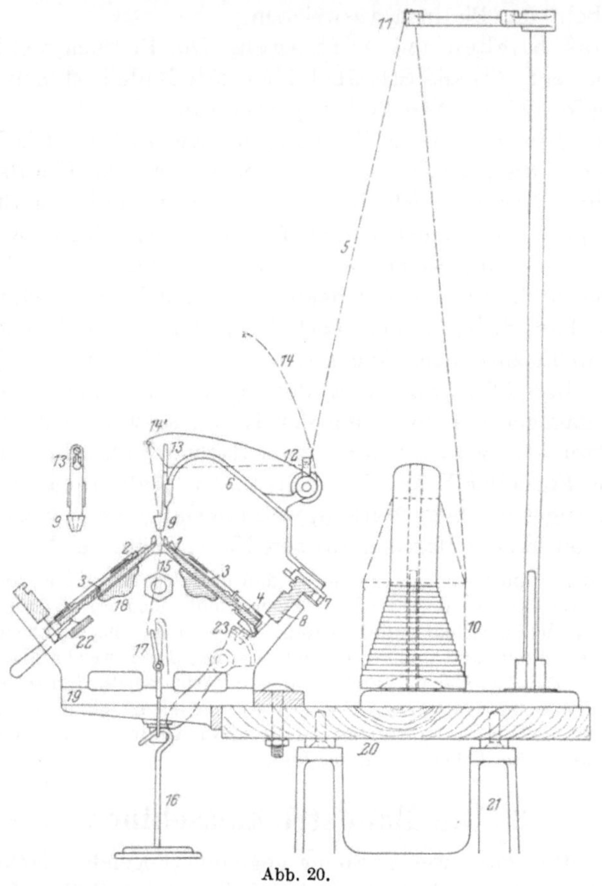

Abb. 20.

Fadenspannvorrichtung besteht aus einer Drahtschleife vor der Öse *13*
und der Spannfeder *14 (14′)*, welche den Faden hebt und in den engen
Spalt der Schleife drängt, wo er gebremst wird. Die Ware *15* wird vom
Belastungsgewichte *16* angespannt. Die Verbindung zwischen Ware
und Gewicht besorgt die Schnalle *17*. Die Nadelbetten ruhen auf dem
Bock *18*, bestehend aus den Seitenwänden, die mit zwei Längsleisten
verbunden sind. Der Bock ist an der Lagerplatte *19* und diese an der
Tischplatte *20* des Gestelles *21* angeschraubt.

Die Nadelbetten *3*, Abb. 21, sind nicht starr befestigt, sondern mit Schlitz und Schraube am Bock verschiebbar. Das vordere Nadelbett ist versenkbar, um die Nadeln bzw. die Maschenköpfe auf der rückwärtigen Nadelreihe freilegen zu können. Es ruht zu diesem Zwecke auf jeder Seite an den Nasen der im Bocke gelagerten Schiene *22*. Da das Nadelbett die entsprechenden Ausnehmungen neben den Nasen hat, so sinkt es durch den Druck einer Feder herab, wenn die Schiene herausgezogen wird. Das rückwärtige Nadelbett ist seitlich versetzbar. Diese Einstellung bewirkt ein Stufensegment *23*, das am Bocke drehbar gelagert ist und von einer am Nadelbett befestigten Gabel umfaßt wird. Der Teil der Strickmaschine, der die Nadeln in Bewegung setzt, heißt das

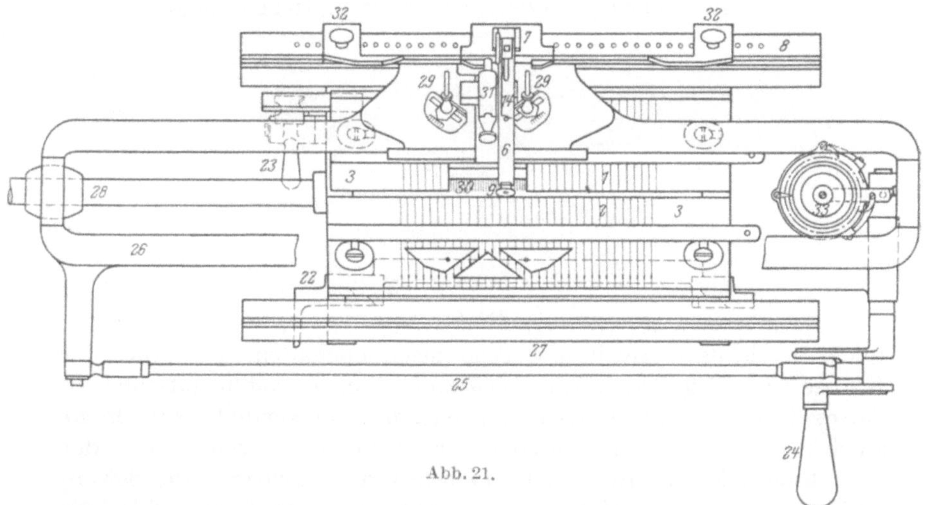

Abb. 21.

Schloß. Ein Kurbelgetriebe bringt dasselbe in Gang. Die Kurbel *24* überträgt mit der Stange *25* die Bewegung auf den Schlitten *26*, der einerseits in den Nuten der Supportschienen *27* bzw. *8* (zugleich Fadenführerschiene), andrerseits mittels Muffe an der Supportstange *28* geführt wird. Die Schlittenschenkel sind gewöhnlich so lang, daß in den äußersten Stellungen des Schlittens die Seiten derselben noch nicht über den Nadelbetten stehen, der Nadelraum also stets frei bleibt. Die mittleren Teile des Schlittens heißen die Schloßkästen. An deren Unterseite ist das Schloß angeschraubt. Die Formstücke desselben, welche auf die Nadelfüße einwirken, heißen die Dreiecke. Auf der Zeichnung ist der vordere Schloßkasten weggelassen, die Dreiecke sind aber eingezeichnet. Die Striche geben an, wo die Nadelfüße stehen, wenn das Schloß von rechts nach links bewegt wird. Das mittlere Dreieck (Heber oder Einschließdreieck) bewegt die Nadeln nach aufwärts, das nachgehende Seitendreieck (Senker oder Kulierdreieck) zieht die Nadeln wieder zurück. An der flachen Strickmaschine sind zwei Schlösser notwendig, weil jede Seite immer nur mit demselben Schlosse arbeiten kann. Jedes Schloß hat zwei Seitendreiecke, damit man sowohl rechtsgängige als auch linksgängige Grundware stricken kann. Der Neigungswinkel der Dreieckskanten muß so groß sein, daß eine Schleife nach der anderen durchgezogen wird.

In Abb. 22 ist das Riegelschloß gezeichnet. *1* ist die Schloßplatte, die alle Teile trägt. Sie wird an den Schloßkasten angeschraubt. Oberhalb derselben liegt der Riegel *2*, unterhalb befinden sich die Dreiecke. Die Seitendreiecke werden in den Schlitzen *3*, das Mitteldreieck im Schlitz *4* der Schloßplatte und der Riegel in den Schlitzen *5* geführt. Auf die Führungsbolzen sind Federplättchen aufgeschraubt

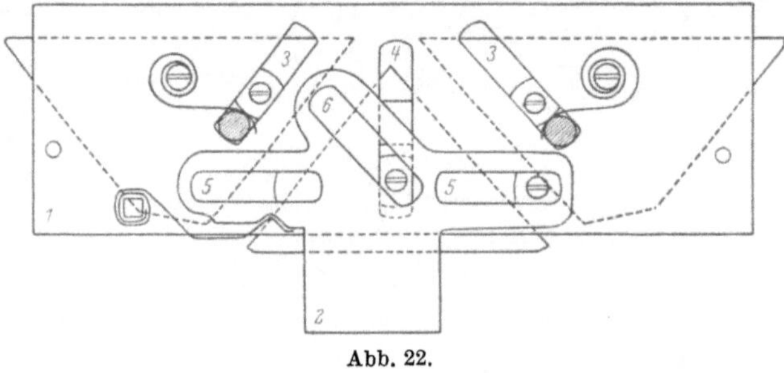

Abb. 22.

(nicht gezeichnet), welche die Teile zusammenhalten. Mit Hilfe der Kulisse *6* des Riegels kann man das Mitteldreieck so weit hinaufschieben, daß es die Nadelfüße nicht mehr erfassen kann. Die Verstellung geschieht an dem nach abwärts gerichteten, vorstehenden Teil von Hand, oder beim Rundstricken durch am Bocke befestigte Anschläge. Die Seitendreiecke lassen sich ebenfalls von außen verstellen. An ihnen sind Bolzen befestigt, die durch die Schlitze *3* und durch ebensolche Schlitze im Schloßkasten reichen und mit den Flügelmuttern *29*, Abb. 21 festgeklemmt werden. Die Lage der Dreiecke wird auf der Skala abgelesen. Am Schloßkasten sind ferner die Zungenöffner *30*, d. s. kleine Bürsten, befestigt. Es kann vorkommen, daß eine Nadel den Faden nicht erfassen kann, weil der Hakenraum geschlossen ist. Die Zunge muß jedoch unter allen Umständen umgelegt sein, wenn die Nadel oben ist. Die Nadeln fahren beim Hinaufgehen in die Borsten hinein, die sowohl das Zurückschnellen der Zungen verhindern, als auch die Zunge auf jenen Nadeln umlegen, auf welchen kein Maschenkopf hängt.

Der Schloßkasten trägt schließlich noch den Fadenführermitnehmer *31*. Das ist ein Federbolzen, dessen Ende zwischen den Nasen des Fadenführerschlittens *7* liegt. Der Abstand der Nasen ist größer als die Breite des Mitnehmers, weshalb der Fadenführer bei der Umkehr des Schlittens etwas später mitgenommen wird, was seiner Stellung zu dem nachgehenden Dreiecke entspricht (der Faden soll erst unmittelbar vor dem Schließen des Hakenraumes eingelegt werden). Der Weg des Fadenführers ist stets kleiner als die Schwingungsweite des Schlittens. Die Verbindung muß deshalb rechtzeitig gelöst werden. Zu diesem Zwecke sind auf der Fadenführerschiene die Knaggen *32* angeordnet. Sie stehen etwas höher als die Nasen an *7* und schieben sich über diese und unter den Mitnehmer *31*. Dabei wird der letztere über die Nase hinübergehoben und der Fadenführer bleibt stehen. Bei der Rückkehr des Schlittens wird der Mitnehmerbolzen ebenso wieder eingelegt. Auf der flachen Strickmaschine lassen sich Schlauchwaren von verschiedener Breite herstellen, da der Übergang von der rückwärtigen zur vorderen Reihe und zurück an irgend zwei gegenüberliegenden Nadeln stattfinden kann. Man zieht die Nadeln ab, die nicht mehr mitarbeiten sollen und verstellt die beiden Auslöserknaggen. *33* ist ein von der Kurbelwelle geschalteter Umdrehungszähler.

4. Der Rößchenstuhl.

Die Maschine, die man Rößchenstuhl nennt, ist ein Handstuhl, auf welchem die Ware nach der Arbeitsmethode des Wirkens hergestellt wird. Sie nimmt in dem Fache eine besondere Stellung ein. Nicht nur als die erste Maschine nach dieser vollkommensten Arbeitsmethode, sondern auch, weil vorher nur das Handstricken bekannt war. Mit ihr wurde zugleich das Arbeiten mit der Hakennadel und auf einer Nadelreihe erfunden, und damit der Grund gelegt für die Erfindung aller übrigen Maschinen. Der Rößchenstuhl ist schon so weit verbessert worden, daß er heute nicht mehr verwendet wird.

Die Stuhlnadeln *a*, Abb. 23a bis f, sind an der Nadelbarre *b* befestigt, die auf die Balken *A* des Stuhlgestelles aufgeschraubt ist. Sie sind in Bleie *c* eingegossen und werden von den Nadelplatten *d* gehalten. Die Presse *P* ist beiderseits an die Preßarme geschraubt, welche bei 1 drehbar gelagert sind, nach rückwärts reichen und durch die Schnur *2* abwärts, durch die Feder *3* aufwärts bewegt werden. Beide Bewegungen werden begrenzt, indem die Schraube *4* sich an das Gestell, der Arm *5* sich an *i* legt. Die stehenden Platinen *e* sind durch Nieten an die Oberbleie *f* befestigt, welche mit den Platten f_1 an die Platinenbarre *g* geschraubt sind. Die letztere reicht über die ganze Nadelreihe und ist an beiden Seiten an die Hängearme *h* befestigt, die durch Bolzen mit den Streckarmen *i* verbunden sind. Diese wieder sind in den Stuhlsäulen *k* drehbar gelagert, so daß man die Platinenbarre sowohl nach auf- und abwärts wie nach vor- und rückwärts bewegen kann. Eine kräftige Bogenfeder *l* legt sich mit dem einen Ende an den festen Stab *m*, mit dem anderen an den Stab *n*, der mit der Drehachse der Streckarme verbunden ist,

wodurch sie das Platinenwerk trägt. Die Bewegung der Streckarme
wird begrenzt durch die beiden Anschlagschrauben o. Die Hängearme
h setzen sich über die Platinenbarre nach abwärts fort und tragen unten

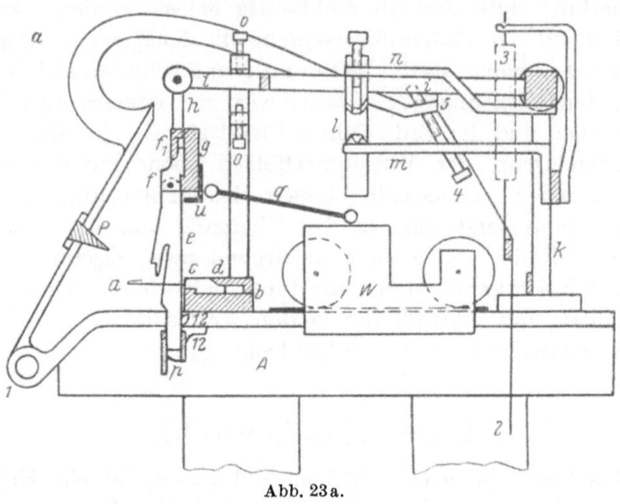

Abb. 23a.

die Platinenschachtel p, welche die Platinen zusammenhält. An einem
Zweinadelstuhl wechselt eine stehende mit einer fallenden Platine,
Abb. 23b, ab. Diese sind am Wagen W gelagert, der auf Rollen am
Stuhlgestelle ruht und durch die Zugstangen q mit der Platinenbarre
verbunden ist.

In Abb. 23b ist die Kuliervorrichtung herausgezeichnet. Die fallenden
Platinen sind durch Nieten mit den Schwingen r, das sind flache eiserne
Stäbe, welche um die am
Wagen befestigte Rute s drehbar sind und sowohl an der
Achse zwischen den Kupfern,
als auch am Kamme t geführt
werden, verbunden. Rute und
Kupfer sind an der Kupferlade u
angebracht. Die Schwingen
werden am rückwärtigen Ende
von den Klemmfedern v gehalten, die am Federstocke w be-

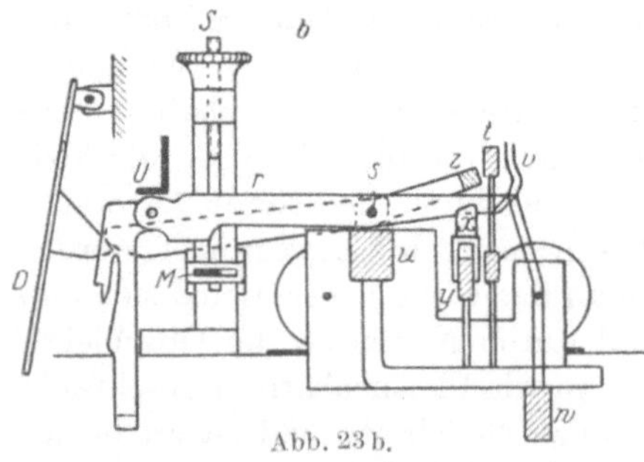

Abb. 23b.

festigt sind und die Aufgabe haben, eine unbeabsichtigte Verschiebung
der Platinen zu verhindern. Das Rößchen x (siehe auch Abb. 23c) ist ein
keilförmiges Stahlstück, welches unter den Schwingen bewegt wird, sie
nacheinander emporhebt, wodurch die Platinen auf den Nadeln die
Schleifen kulieren. Über den Schwingen befindet sich die Schwingen-

presse z, eine Schiene, die um die Rutenachse drehbar ist und sich mit ihren Armen an die Keilstücke der Daumendrücker D legt. Erfaßt man das Werk an der Platinenschachtel, so kann man mit den Daumen die Hebel D einwärts bewegen. Dadurch wird die Schwingenpresse gesenkt, die Platinen gehen nach aufwärts, bis die Schwingen an den Schwingenhut U anstoßen, in welcher Stellung alle Platinen in der gleichen Höhe stehen. Daumendrücker und Schwingenhut sind an der Platinenbarre befestigt, und solange die Daumendrücker anliegen, folgen alle Platinen den Bewegungen der Platinenbarre. Zur Begrenzung der Falltiefe der fallenden Platinen dient das Mühleisen M, auf das sich die Schwingen beim Kulieren auflegen. Zur Veränderung der Kuliertiefe ist der Mühleisenstab beiderseits in Kästchen eingelegt, die mit den Schrauben S

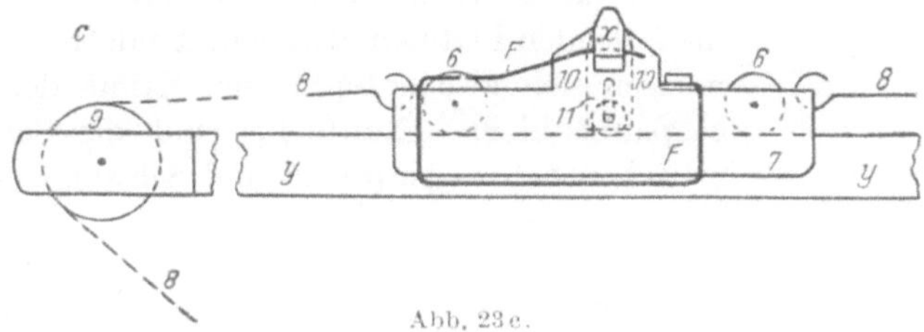

Abb. 23 c.

verstellt werden können. Dazu muß jedoch auch die Höhenlage des Rößchens geändert werden.

In Abb. 23c ist die Rößcheneinrichtung von rückwärts gesehen gezeichnet. Auf der Rößchenstange y ist mittels der Rollen 6 der Rößchenwagen 7 verschiebbar und kann durch die über die Rollen 9 führenden Zugschnüre 8 nach links und zurück bewegt werden. Zu diesem Zwecke sind die Schnüre 8 an einer weiter unten im Stuhle gelagerten, großen Schnurscheibe befestigt, durch deren Drehung sich die Schnur auf der einen Seite aufwindet, auf der anderen Seite abwindet. Der Rößchenkeil ist am Wagen nicht befestigt, sondern er liegt zwischen den Führungsbacken 10 vertikal verschiebbar und wird durch den nach abwärts reichenden Teil 11, Schlitz und Schraube gehalten. Eine Feder F drückt den Keil stets in die höchste Stellung. Der Rößchenkeil ist symmetrisch, damit er nach beiden Seiten in der gleichen Weise wirkt. Infolge der Verstellung des Mühleisens wird also der Rößchenkeil durch die Schwingen mehr oder minder niedergedrückt.

Der untere Teil des Stuhles ist nicht gezeichnet. Er enthält einen Sitz für den Arbeiter und drei Tritthebel, u. z. einen für die Schnur 2 zur Betätigung der Presse und die beiden anderen zur Rößchenbewegung, indem von der erwähnten Schnurscheibe an jeder Seite eine Verbindungsschnur zu diesen Hebeln führt. Presse und Rößchen werden also mit den Füßen bewegt.

2*

Angenommen, es befinde sich auf den Nadeln bereits eine Reihe von Maschenköpfen! Das Platinenwerk wird für das Einschließen derselben an der Platinenschachtel erfaßt, vorbewegt und gesenkt und, nachdem die Maschenköpfe sich in den Kehlen der Platinen befinden, in die Haken 12 eingehängt. Dadurch werden die Hände frei zum Auflegen des Fadens auf die Nadeln. Jetzt wird das Rößchen in Gang gesetzt. Die fallenden Platinen treffen mit der Nase den Faden und ziehen ihn zwischen die Nadeln, Abb. 23e. Beim Wirken wird der Faden am meisten durch das Kulieren angestrengt. Durch eine richtige Neigung des Rößchenkeiles erreicht man, daß immer nur eine Platine Schleife bildet. Bei dem folgenden Verteilen der Schleifen auf alle Nadeln, Abb. 23f wird das Werk herabgezogen und, sobald die stehenden Platinen den Faden berühren, durch Daumendrücker und Schwingenpresse die fallenden Platinen gehoben. Beide Bewegungen müssen sich also entsprechen, damit der Faden gespannt bleibt. Nunmehr sind die Schwingen zwischen Schwingenpresse und Schwingenhut ein-

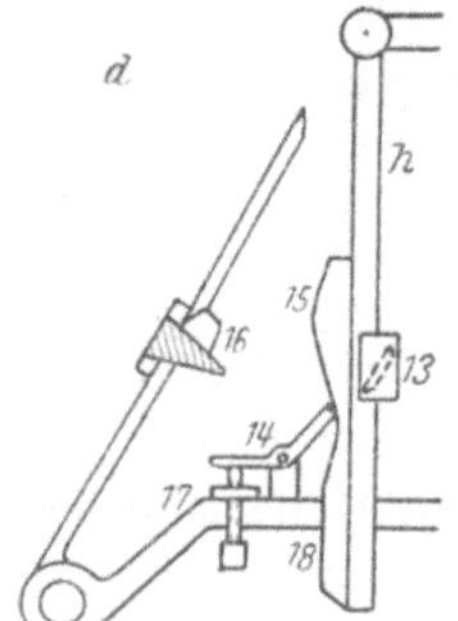
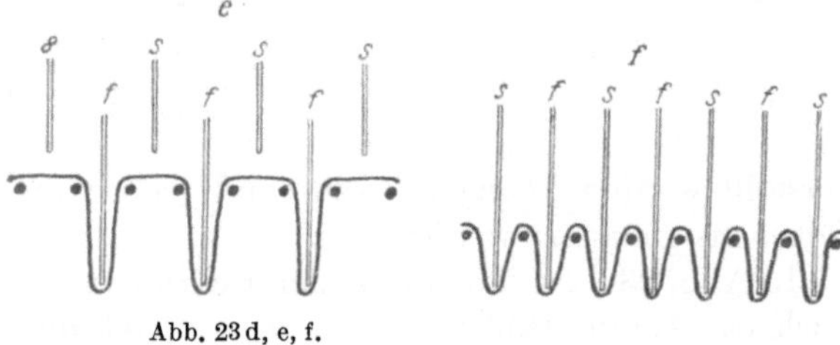

Abb. 23 d, e, f.

geklemmt und diese Verbindung bleibt für das Vorbringen der Schleifen, das Ausstreichen der Maschenköpfe, das Pressen, das Auftragen und Abschlagen bestehen. Um diese Arbeiten nicht ganz freihändig ausführen zu müssen, sind mehrere Anschläge vorhanden (Abb. 23 d). Beim Vorbringen treffen die an den Hängearmen h befestigten Anschläge 13 an die am Gestell befindlichen Winkel 14. Läßt man dann das Werk los, so zieht es die Feder l schief nach aufwärts, wie es zum Ausstreichen notwendig ist, da 13 sich an dem geneigten Schenkel von 14 führt. Durch Niederziehen der Presse werden die Nadelspitzen in die Zaschen gedrückt. Die Schleifen befinden sich im geschlossenen Hakenraume, die Maschenköpfe außerhalb desselben. Liegt beim Auftragen der Maschenköpfe die Presse noch auf den Nadeln, so trifft der Anschlag 15 auf 16 und verhindert, daß die Platinen an die Presse stoßen. Damit schließlich beim Abschlagen der Maschenköpfe die Platinen nicht weiter vorgezogen werden können, als nötig ist, sind noch die Anschläge 17 und 18 vorhanden. Zur Anspannung der Ware und Erleichterung des Abschlagens werden in die Ware Abzugsgewichtchen eingehängt.

Wenn man zwischen zwei Reihen von gewöhnlicher Länge der Schleifen eine Langreihe einzuarbeiten hat, so schiebt man das Mühleisen M zurück, damit die Schwingen mit dem höheren Teile auftreffen. Am Rößchenstuhle ist ein Fadenführer zum selbsttätigen Überlegen des Fadens nicht vorhanden. Die auf demselben hergestellte Ware ist beiderseits begrenzt, woraus sich die Bezeichnung flacher Stuhl erklärt.

5. Der Handkettenstuhl.

In Abb. 24a sind die Teile eines Handkettenstuhles unter Hinweglassung einiger Stücke, die wie am Rößchenstuhl ausgeführt sind, zur Erklärung der Wirkungsweise gezeichnet. Die Nadeln a und die

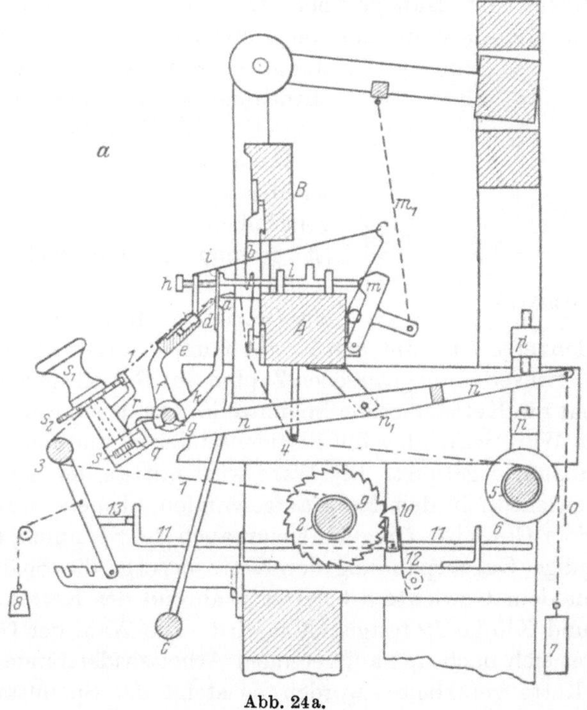

Abb. 24a.

Platinen b sind an der Nadelbarre A bzw. der Platinenbarre B befestigt, und die letztere wird an dem Griffstabe c vermittels der Hänge- und Streckarme bewegt. Ebenso hat die Presse die bekannte Einrichtung. Die Lochnadeln d werden mit den Bleien an der Leiter e befestigt, welche sich mit den Armen f auf die Maschinenwelle g stützt und mit der Schraube h an die Platte i anlegt. Die Lochnadeln sind in den drei Richtungen: vor-zurück, auf- und abwärts und seitwärts zu bewegen, was man als die Bewegung in die Nadeln, durch die Nadeln und über bzw. unter den Nadeln bezeichnet. Diese Bewegungen gehen von der Platte i, der Welle g und dem Getriebe aus.

Die Platte i sitzt mit dem Arm k lose auf der Welle g und stützt sich gegen den Riegel 1, so daß alle Teile das Bestreben haben, nach rechts zu sinken und nur durch den Stützwinkel m daran gehindert werden. Da der letztere aber mittels des Zugdrahtes m_1 an den Streckarmen hängt, so wird beim Einschließen der Ware, d. i. wenn die Streckarme herabgehen, die Lochnadelschiene einwärts bewegt. Die Welle g ist an beiden Seiten in die Maschinenhebel n gelagert, die um n_1 drehbar sind und durch die Schnur o und Fußhebel (der unten angeordnet ist) betätigt werden. Die Schrauben p begrenzen den Hub. Die Seitenbewegung bewirkt das Handgetriebe. Dasselbe befindet sich ganz vorn am Hebel n und besteht aus einer seitlich verschiebbaren Zahnstange q, Abb. 24b, welche mit dem Mitnehmer r das Ende des Armes f umgreift. Die Zahnstange kann durch das Zahnrad s, Handgriff s_1 und Kerbscheibe s_2 um je eine Nadelteilung verschoben werden. Der Kettenstuhl ist gewöhnlich mit mehreren Legschienen ausgestattet und jeder ist ein Getriebe zugeordnet.

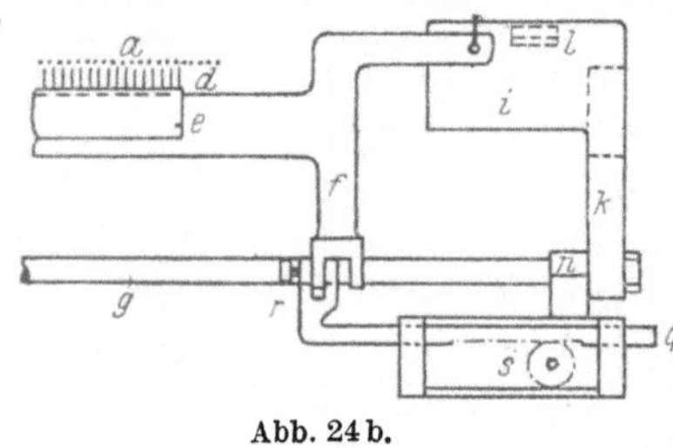

Abb. 24 b.

Die Fadenkette 1 ist auf den Kettenbaum 2 aufgewickelt, der mit den an den Stirnseiten eingelassenen Zapfen am Gestelle eingelagert ist. Von hier geht die Kette über die Spannwelle 3 zu den Loch- und Stuhlnadeln. Die Ware wird über die Platinenschachtel und den Leitstab 4 zum Warenbaum 5 geführt. Die Ware wird mittels der Schnurrolle 6 und dem Gewichte 7 in dem Maße aufgewunden, als neue Ware erzeugt wird. Mit dem Gewichte 7 reguliert man auch die Spannung der Ware. Die notwendige Gegenspannung der Kette besorgt die Spannwelle 3. Sie wird mit dem Gewichte 8 belastet, während der Kettenbaum mit Sperrad 9 und Klinke 10 festgehalten wird. Die Wahl der Gewichte 7 und 8 richtet sich nach den auftretenden Arbeitswiderständen. Ist ein Stück der Kette verarbeitet worden, so steigt der Spannstab und es muß neue Kette vom Baume abgelassen werden. Die Sperrklinke ist deshalb an der Stange 11 befestigt und wird mit der Feder 12 an das Sperrad gedrückt. Verkürzt sich die Kette, so treibt der Arm 13 die Stange zurück und die Klinke gibt das Sperrad frei. Der Kettenbaum dreht sich unter dem Einflusse des Gewichtes 8. Die Spannwelle sinkt wieder herab, wodurch die Klinke sich neuerdings einlegen kann.

Die Verarbeitung einer Fadenkette erfordert besondere Vorarbeiten. Die Fäden werden gemeinsam verarbeitet und sind daher von Anfang

an in der Gesamtheit zu behandeln. Jeder Faden der Kette soll die
gleiche Länge haben, weshalb die Länge der Kette, die erforderlich
ist, um eine Ware von bestimmter Länge zu erhalten, schon im voraus
bekannt sein muß. Die Fäden sollen ferner gleichmäßig angeordnet sein,
und das nicht nur nebeneinander in der Teilung der Nadelreihe, sondern
auch in der Längsrichtung. Wird der Kettenbaum gedreht um Kette
abzulassen, so soll sich von jedem Faden gleichviel abwickeln. Werden
aber die Fäden nicht schon fortlaufend in der gleichen Länge aufgewickelt,
so können sie nachher auch nicht richtig ablaufen.

Die Vorbereitung der Kette umfaßt: das Spulen, das Scheren oder
Schweifen, das Bäumen und das Einziehen der Kette in die Lochnadeln.

Das erforderliche Garn wird zunächst auf einige Laufspulen gleichmäßig aufgewickelt. Das Scheren ist das Verfahren, durch welches

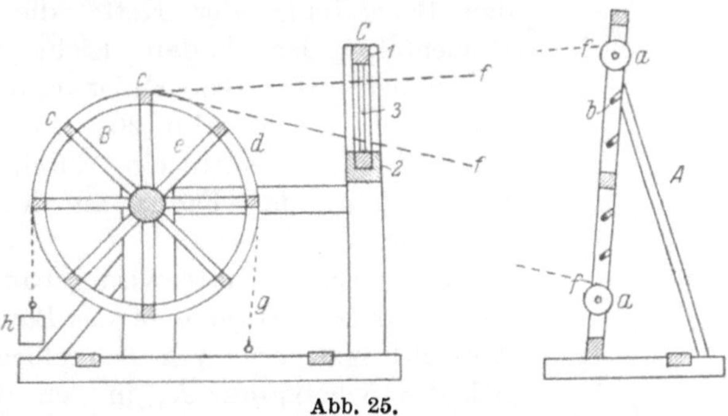

Abb. 25.

die Fadenkette entsteht, indem die Fäden abgemessen und geordnet
aufgewickelt werden. Man schert gewöhnlich bandweise. Um eine
Kette aus 400 Fäden zu erhalten, schert man etwa zehnmal nacheinander
und jedesmal mit vierzig Fäden. Das Garn ist daher auf 40 Spulen
gleichmäßig zu verteilen. Die Kettenspulen a werden zum Scheren auf
dem Spulengestelle A, Abb. 25, regelmäßig eingesetzt. Dasselbe besteht
aus einem Rahmenwerke, dessen Längsstäbe mit schiefen Schlitzen zur
Lagerung der Spulen versehen sind. Die Spulen werden auf die Lauf-
drähte b gesteckt und laufen somit leicht ab. Man befestigt dann das
Fadenband am Scherhaspel B und legt die Fäden in den Scherkamm C
ein. Der Scherhaspel ist eine auf dem Gestell drehbare Lattentrommel c,
d, e von bestimmtem Umfange. Das Scherblatt besteht aus den Stäben
1 und 2, in welche parallel zueinander die Zähne oder Rietstäbe 3 in
gleichen Abständen eingesetzt sind. Die einzelnen Fäden sind so durch
die Stäbe getrennt. Man schert, indem man den Haspel langsam dreht,
wobei mit der Anzahl der Umdrehungen die Länge des Bandes gemessen
wird, und die einzelnen Fäden wegen der geregelten Zuführung richtig

angeordnet werden. Die folgenden Bänder werden von denselben Spulen abgezogen, nachdem man vorher die Fäden durchschnitten hat, bis schließlich alle Bänder nebeneinander geschert sind. Die Genauigkeit der Arbeit wird beeinträchtigt durch eine ungleiche Spannung der Fäden und eine ungleiche Länge der Umwicklungen. Die Spannung hängt ab von dem Gewichte der Spule (samt Garn), der Geschwindigkeit des Fadenlaufes und der Reibung beim Ablaufen (Form des Fadenweges). Die ersten Umwicklungen liegen am Haspel auf, für die nächsten aber ist diese feste Unterlage nicht mehr vorhanden. Die Bewicklung erfolgt auf die vorhergehende und es vergrößert sich auch mit jeder weiteren Fadenlage der Umfang. Erreicht das Band eine größere Höhe, so treten insbesondere am Rande Unregelmäßigkeiten ein. Es fallen Fäden ab. Um bei der nachfolgenden Behandlung der Kette die gegebene Reihenfolge der Fäden leicht feststellen zu können, wird das Fadenkreuz gebildet. Man flicht nach Abb. 26a einen starken Faden f in die Kette ein, durch den eine Vertauschung der Fäden an dieser Stelle verhindert wird.

Die geschterte Kette wird gebäumt. Dazu wird der Kettenbaum a in das Baumgestelle, Abb. 26b, gelagert. Vor demselben befindet sich der Scherkamm K, in den die Fäden unter Benützung des Fadenkreuzes einzeln eingezogen werden. Nachdem die Enden der Fäden am Kettenbaume partienweise befestigt wurden, dreht man denselben an der aufgesteckten Kurbel b.

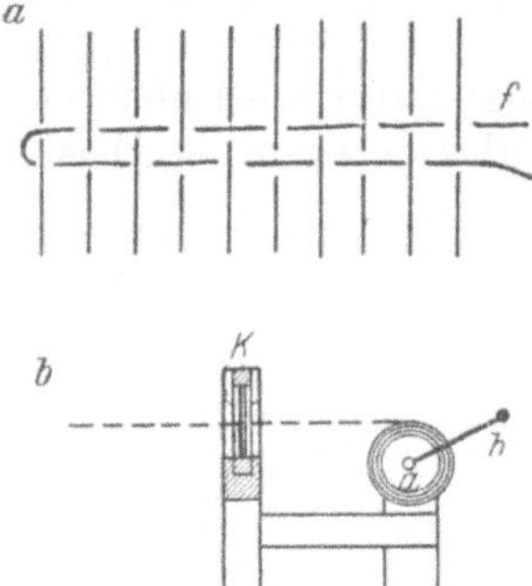

Abb. 26a, b.

Bäumt man gleich vom Scherhaspel, so erhält derselbe ein Bremsband g mit dem Gewichte h, damit die Fäden beim Aufwinden stets gehörig gespannt sind. Es ist vorteilhaft, das Bäumgestelle nicht zu nahe an die Schertrommel zu stellen, denn bei einem längeren Freilauf der Fäden gleichen sich kleinere Unregelmäßigkeiten der Umwicklungen noch nachträglich aus. Das Abfallen der Fäden am Rande wird durch Einlegen von Papier verhindert. Zum Schlusse wird für das Einziehen in die Lochnadeln abermals das Fadenkreuz gebildet. Unreine Ketten werden während des Bäumens geputzt. Man streicht zu diesem Zwecke mit einer Bürste die Kette entlang in der Richtung vom Kettenbaum zum Haspel. Die Fäden bleiben dann nicht so leicht aneinander haften.

6. Einteilung der Maschinen.

Die größten Unterschiede in der Bauart der Maschinen sind auf die verschiedenen Arbeitsmethoden zurückzuführen. Diese allgemeineren Unterschiede sind ganz bestimmte, da alle Arbeitsmethoden bekannt sind. Ebenso unmittelbar ergeben sich die Bauarten für rundgeschlossene und flache Ware, sowie für Waren aus Rechts- und Linksmaschen, d. i. mit einer Nadelreihe oder mit zwei gegenüberliegenden Nadelreihen. Eine besondere Ausbildung erfährt die Maschine, auf welcher Gebrauchsgegenstände oder deren Teile herstellbar sind. Man sagt, die Ware wird regulär gearbeitet. Schließlich unterscheiden sich die Maschinen noch in der Konstruktion voneinander. Durch die richtige Ausführung in den Einzelheiten (Mechanismen) kann die Leistung der Maschine — allerdings in viel geringerem Maße als infolge der Arbeitsmethode — und die Güte der Ware verbessert werden.

Übersichtliche Aufzählung der Maschinen.

1. **Strickmaschinen** (mech. Stricken). Flache und rundgeschlossene Bauart. Ein und zweireihig (eine besondere Ausführung, die Links- und Linksstrickmaschine). Regulärstrickmaschinen in rundgeschlossener und in flacher Bauart.

2. **Regulärwirkmaschinen** (zur Erzeugung von Gebrauchsgegenständen nach der Arbeitsmethode des Wirkens). Flache Bauart, ein- und zweireihig. Die Pagetmaschine (hohe Bauart). Die Cottonmaschine (niedere Bauart).

3. **Maschinen zum Stricken** von mehrgängiger Ware. a) Rundwirkmaschinen (Kulierstricken). Rundgeschlossene Bauart, ein -und zweireihig. In den verschiedenen Konstruktionen als französischer, englischer, deutscher Rundstuhl. b) Strickmaschinen (mech. Stricken). Flache und rundgeschlossene Bauart, ein- und zweireihig.

4. **Kettenwirkmaschinen** (Maschenreihenbildung). Der Drehkettenstuhl, flache Bauart mit einer Nadelreihe. Die Raschelmaschine, flache Bauart mit zwei Nadelreihen. Beide auch konstruktiv verschieden. Der Rundkettenstuhl mit einer Nadelreihe.

Die Maschinen zur Erzeugung von Musterwaren haben noch verschiedene Einrichtungen. Die Bauart aber ändert sich nur wenig, denn das Gefüge der Grundware wird nicht frei, d. h. mit alleiniger Berücksichtigung der Beziehungen des Zusammenhanges entwickelt, sondern nur so wie es bei gegebener Arbeitsmethode und Bauart möglich ist. Die Ausgestaltung der Maschine in dieser Art wird deshalb als Einrichtung bezeichnet.

5. a) Vorbereitungsmaschinen (zum Spulen, Scheren und Imprägnieren der Garne).

   b) Ausfertigungsmaschinen (zum Nähen und Ketteln).

   c) Ausrüstungsmaschinen (zum Waschen, Walken, Rauhen, Formen usw.).

Die Mannigfaltigkeit und die reiche Gliederung der meisten Maschinen erschwert den Überblick über die Wirkungsweise derselben. Das Zusammenarbeiten der Teile ist leichter zu begreifen, wenn man die Maschine als ein wohlgeordnetes Ganzes ansieht. Alle Maschinen zeigen nämlich den gleichen Aufbau, wenn man von der besonderen Arbeitsleistung absieht. Sie arbeiten im allgemeinen gleich, im besonderen nach einer bestimmten Arbeitsmethode. Der allgemeine Aufbau der Maschinen ist folgender.

Die wichtigsten und ursprünglichsten Teile der Maschine sind die Formstücke (Elementarteile, bei Bearbeitung von Stoffen Werkzeuge genannt), welche ihre Bewegungen auf das Arbeitsmaterial — den Faden — unmittelbar übertragen. Das Arbeitsmaterial befindet sich in einer Durchgangsbewegung zwischen den Formstücken und diese Umstände bedingen die eigentümliche, für einen bestimmten Zweck allein geeignete Form dieser Teile. Meist sind wegen der Arbeitsteilung verschiedene Formstücke erforderlich (Nadeln, Platinen, der Fadenführer) und diese wieder in Serien vereinigt (Nadelreihe, Platinenreihe, Legschiene). Faden und Ware (auch in den dazwischenliegenden Entstehungsformen) sind Bestandteile, aber zum Unterschiede von den dauernden, die durchlaufenden Bestandteile der Maschine.

Die Formstücke samt dem Arbeitsmaterial bilden das Arbeitssystem der Maschine.

Zur Bewegung der Formstücke dienen Mechanismen allgemeinerer Art. Sie werden in der Maschine je nach Erfordernis zu den Bewegungssystemen zusammengesetzt und von der Hauptwelle, dem Antriebsstück, gemeinsam betätigt. Diese, aus Arbeits- und Bewegungssystemen zusammengesetzte und in sich geschlossene Form kennzeichnet das Maschinensystem. Man bezeichnet das Maschinensystem als den inneren Mechanismus oder die Grundform der Maschine.

Sind im Arbeitssysteme Veränderungen vorzunehmen oder sind zur Ausführung einer umfangreicheren Arbeit mehrere Maschinensysteme vorhanden, so verwendet man zur Erhaltung der Selbsttätigkeit regelnde Mechanismen — die Steuerungen. Durch sie wird der beabsichtigte Verlauf des Herstellungsvorganges veranlaßt oder eingeleitet· Die Steuerungen sind dem Maschinensystem nur angegliedert und gehören daher zum äußeren Mechanismus der Maschine.

An den Handstühlen ist das Maschinensystem noch unvollständig, die Bewegungssysteme sind erst mehr oder weniger ausgebildet, daher der Antrieb mit Hand und Fuß. Beim Handstricken erstreckt sich die Mechanisierung nur auf das aus den Handstricknadeln bestehende Arbeitssystem. Die Handstrickmaschine ist die einfachste vollständige Maschine. Das Arbeitssystem besteht aus den Nadeln, dem Abschlagskamme, dem Fadenführer samt dem Faden und der Ware samt dem Belastungsgewicht. Die beiden Bewegungssysteme — für die Nadeln und den Fadenführer — entspringen an der Kurbelachse. Sie sind in Kurbelgetriebe und Schlitten gemeinsam. Von hier aus geht das eine System vom Schloß auf die Nadeln und das andere vom Mitnehmerbolzen auf den Fadenführer. Die Auslöserknaggen sind die Steuerungen für die Veränderung des Fadenführerweges. Ebenso ist die Einrichtung des Riegels am Schlosse eine Steuerung.

Für die Herstellung gleicher Warenstücke sind die Maschinen noch weiter entwickelt worden, indem mehrere Waren gemeinsam — in Serien — hergestellt werden. Die einzelnen Maschinen haben entweder nur den Antrieb gemeinsam (Gruppenantrieb), oder es erstreckt sich die Zusammenfassung bis auf Teile der Bewegungssysteme und auf die Steuerungen (mehrteilige Maschinen). Sind an solchen Maschinen etwa zwei Maschinensysteme und eine größere Anzahl von Bewegungssystemen vorhanden, so ist es schon schwer, sich an dem Ganzen zurechtzufinden. Die Ordnung der Teile in der angegebenen Weise erleichtert oder ermöglicht erst den Überblick.

B. Warenkunde.

1. Bezeichnungen.

Sieht man von dem Zusammenhang als der Existenzbedingung ab, so entsteht in den Wirkwaren eine bestimmte Fadenlage überhaupt erst durch die Verwendung eines Fadens von bestimmter Dicke und Länge. Obwohl diese Tatsache feststeht, ist doch die Abhängigkeit der Formen von der Verschlingungsart und den Abmessungen der Fäden genau nicht bestimmbar. Der Faden hat keinen meßbaren Durchmesser. Er ist zudem biegsam und soll diese Eigenschaft sogar in hohem Maße besitzen, damit er die entsprechenden Formen annehmen kann und die Ware schmiegsam wird. Für den Querschnitt des Fadens läßt sich jedoch leicht ein Ersatzwert aus der Länge und dem Gewichte finden. Die Bestimmung dieses Ersatzwertes heißt das Numerieren des Garnes. Schwieriger ist es, die Formen zu erfassen. Um die Größe der Maschen von Grundware zu verändern, verwendet man beim Handstricken Nadeln von verschiedener Stärke. Bei der Herstellung auf einer Nadelreihe ist die Maschengröße abhängig von der Teilung der Reihe, der Schleifenlänge und der Dicke des Fadens. Ersatzwerte für die Größe bzw. für die Form der Maschen sind die Maschinen- und die Warennummer. Auch für die Fadenlage der Musterwaren ist eine Bezeichnungsweise vorhanden. Man symbolisiert sie im Fachzeichnen durch die Herstellungsart.

a) Numerierung der Garne.

Das Garn wird numeriert durch die Angabe der Anzahl der Strähne zu je 1000 m, die eine Garnmenge im Gewichte von 1 kg besitzt (metrische Numerierung).

Bezeichnet man mit N_g die Nummer, mit $Str.$ das Gewicht eines Strähnes, so ist:

$$N_g \cdot Str. = 1 \text{ oder } N_g = 1/Str.,$$

d. h. durch die Nummer wird das Verhältnis angegeben zwischen dem Gewichte des Strähnes eines Garnes von der $N_g = 1$ und dem Gewichte eines Strähnes des betreffenden Garnes. Z. B. das Gewicht des Strähnes eines Garnes $N_g = 30$ ist der dreißigste Teil des Gewichtes eines Strähnes des Garnes $N_g = 1$. Angenommen, das Garn habe eine geschlossene Querschnittsfläche, dann stehen auch die Querschnitte in dem gleichen Verhältnisse. Die Querschnittsfläche des Garnes $N_g = 30$ ist der dreißigste Teil der Querschnittsfläche des Garnes $N_g = 1$. Nun ist das Garn zwar kein Körper, in dem die Fasern den Querschnitt vollständig erfüllen. In gleichartigen Fäden (auf die gleiche Art gesponnenes Garn, gleiche Zwirne oder duplierte Garne) wird jedoch gewiß eine große Übereinstimmung in der Anordnung der Fasern bestehen, und man kann in diesem Sinne von Querschnittsflächen sprechen und sie vergleichen.

Baumwollgarn wird meist nicht metrisch, sondern englisch numeriert. Die Numerierungsart ist die gleiche, nur die Maßeinheiten sind verschieden. Der Strähn hat eine Länge von 840 Yards (768 m) und von dem Garn $N_g = 1$ wiegt der Strähn ein englisches Pfund (0,454 g).

Noch einfacher wird Seide numeriert. Der Strähn hat die Länge von 10000 m und ein Strähn des Fadens $N_g = 1$ wiegt 1 g. Mit der Nummer wird angegeben, wieviel Gramm ein Strähn der Seide wiegt (Titre international). Die Nummer gibt an, wievielmal der Querschnitt des gegebenen Fadens größer ist als der Querschnitt des Fadens von der $N_g = 1$. Gewöhnlich wird jedoch immer noch nach dem älteren titolo legale numeriert, d. i. die Strähnlänge von 450 m und das Gewicht von einem Denier (gleich $1/20$ g) zugrundegelegt. Der titolo legale gibt an, wieviel $1/20$ g ein Strähn Seide von 450 m Länge wiegt.

b) Numerierung der Maschinen.

Obwohl man die Teilung der Nadelreihe messen kann, so sind doch auch dafür Ersatzwerte im Gebrauche. Hauptsächlich deshalb, um diese kleinen Entfernungen in ganzen Zahlen ausdrücken zu können. Man numeriert die Maschinen, indem man die Anzahl der Nadelteilungen angibt, die zusammen eine bestimmte Einheitslänge ergeben. Bedeutet N_m die Maschinennummer, t die Teilung der Nadelreihe (von Mitte zu Mitte der Nadeln gemessen) und E die Einheitslänge, so ist

$$N_m \cdot t = E \quad \text{oder} \quad N_m = \frac{E}{t}.$$

Die Maschinen werden meist englisch numeriert. Die Nummer ist gleich der Anzahl der Nadelteilungen auf einen Zoll engl. (gleich 25,4 mm). Die Regulärwirkmaschinen werden außerdem noch so numeriert wie seinerzeit die Handstühle. Die Nummer ist gleich der Anzahl der Bleie auf drei Zoll engl. Ein Blei enthält zwei Nadeln, d. h. man rechnet mit Doppelteilungen. Eine Cottonmaschine von 33 ggs (gauges) hat eine Nadelreihe, an der die Nadeln soweit voneinander abstehen, daß 33 Doppelteilungen die Breite von drei englischen Zollen ergeben. Man erhält daraus die englische Nummer durch Multiplikation mit $^2/_3$.

Sächsische Numerierung (wird seltener angewendet). Die Nummer ist gleich der Anzahl der Nadelteilungen auf einen sächsischen Zoll (23,6 mm).

Französische oder Handstuhl-Numerierung (nicht mehr angewendet). Die Nummer gibt an, wieviel Bleie auf der Breite von drei französischen Zollen liegen (ein französischer Zoll ist gleich 27,8 mm). An den groben Stühlen enthält das Blei zwei Nadeln, an den feineren drei Nadeln. Die grobe Nummer gibt an, wieviel Doppelteilungen auf drei französischen Zollen liegen. Die letzte Nummer ist 27 g. Die feine Nummer gibt an, wie oftmal drei Nadelteilungen zusammen drei französische Zolle ergeben. Die Nummern beginnen mit 20 f.

Metrische Numerierung. Die Teilung der Nadelreihe wird in $^1/_{10}$ mm angegeben. $N_m = 21$ j (Jauge) bedeutet, daß die Entfernung einer Nadel von der nächsten 2,1 mm beträgt. Das ist die einzige Numerierungsart, durch welche die Teilung selbst angegeben wird, doch wird sie selten und nur für flache Strickmaschinen angewendet. In einer anderen Art metrisch wird die Nadelreihe der Rundstühle mit radial angeordneten Nadeln numeriert. Man gibt an, wieviel Nadeln auf die Breite von 100 mm verteilt sind. Da die Zahlenreihe dieser Nummern unregelmäßig ist, so ist zugleich die alte französische Numerierung zur Bezeichnung beibehalten worden. In der folgenden Tabelle bedeutet die erste Zahl die Anzahl der Nadelteilungen auf 100 mm an der Kulierstelle gemessen, die zweite Zahl ist die französische Nummer grob oder fein.

N_m 13 — 6 grob	N_m 38 — 18 grob	N_m 66 — 22 fein	N_m 94 — 30 fein
„ 17 — 8 „	„ 43 — 20 „	„ 72 — 24 „	„ 98 — 32 „
„ 21 — 10 „	„ 47 — 22 „	„ 77 — 25 „	„ 102 — 34 „
„ 26 — 12 „	„ 51 — 24 „	„ 81 — 26 „	„ 106 — 36 „
„ 30 — 14 „	„ 55 — 27 „	„ 85 — 27 „	„ 114 — 40 „
„ 34 — 16 „	„ 60 — 20 fein	„ 89 — 28 „	„ 122 — 44 „

Die Nadelreihe ist tatsächlich metrisch geteilt und die französische Nummer gilt nur annähernd. Sie ergibt sich nicht aus der Umrechnung.

c) Numerierung der Waren.

Die Warennummer ist ein Ausdruck für die metrischen Beziehungen — Länge, Dicke und Form — des Fadens in der Ware. Die Schleifen entstehen zwischen den Nadeln und den Platinen. Von den Nadeln werden sie in einem bestimmten Abstand voneinander gehalten, durch die einfallenden Platinen (Kuliertiefe) wird ihre Länge bestimmt. Nach der Ausbildung zu Maschen bestimmt der Faden seine Form selbst, und dann erst kommt seine Dicke in Betracht.

Die Ware ist normal, wenn sich die Schleifen an so vielen Stellen berühren, daß ihre Form bleibend nicht verändert werden kann. Eine solche Ware wird bei gegebener Teilung aus einem Faden von bestimmter Länge und bestimmter Dicke bestehen. Die Länge hat keinen direkten Einfluß auf das Einhalten der Teilung und ist zudem leicht regelbar (Kuliertiefe), weshalb man zur Herstellung von Normalware vor allem die Garnstärke kennen muß. Von einer rechnerischen Ermittlung ist begreiflicherweise abzusehen. Die passende Garnstärke kann nur versuchsweise bestimmt werden.

Auf einer Cottonmaschine $N_m = 16$ engl. erhält man Normalware aus Baumwollgarn $N_g = {}^{16}/_2$ engl.

Diese Angabe genügt für alle Teilungen, denn das Verhältnis der Teilung t zum Durchmesser d des Garnes bleibt gleich und es besteht deshalb auch für die Nummern ein bestimmtes Verhältnis

$$k_1 = \frac{N_g}{N_m^2}.$$

Da mit den Garnnummern die Querschnittsflächen verglichen werden, in welch letzteren der Durchmesser im Quadrate vorkommt, so ist auch die Maschinennummer zu quadrieren. Setzt man die obigen Versuchswerte ein, so erhält man:

$$k_1 = \frac{N_g}{N_m^2} = \frac{8}{16^2} = 0{,}03125$$

für alle Normalwaren auf einer Nadelreihe englischer Teilung aus dupliertem Baumwollgarne englischer Numerierung.

Für Seide ist $N_g \cdot N_m^2 = k_2$, weil die Querschnitte der Seide mit der Nummer zunehmen, während die Teilungen mit der Maschinennummer abnehmen. Das k_2 ist jedoch genau noch nicht bestimmt worden.

In der Normalware schmiegen sich die Fadenteile eng aneinander, ohne daß der Faden zusammengedrückt wird. Er behält gerade noch so viel Bewegungsfreiheit, als für eine Ware notwendig ist, die, ohne sich verziehen zu lassen, die Eigenschaften der Biegsamkeit, Dehnbarkeit und Elastizität in dem erreichbar günstigen Maße besitzt. Man kann die Ware wohl auf diese Eigenschaften prüfen, sie aber nicht genau beschreiben. Die Teilung der Maschenstäbchen der Normalware ist etwas kleiner als die Teilung der Nadelreihe. Man sagt, die Ware springt ein. Die Ursache liegt in dem Nachlassen der beim Verarbeiten bestehenden Spannungen und in dem Herausziehen der Nadeln beim Abschlagen, wodurch die Fadenteile sich näher aneinanderlegen können.

Da die meisten Garne sich etwas zusammendrücken lassen, kann auch übernormale Ware hergestellt werden. Man vermindert die Kuliertiefe oder verwendet einen stärkeren Faden. Die Ware ist steifer, wenig elastisch und auch schwieriger zu arbeiten. Gewöhnlich wird die Ware unternormal ausgeführt. Der Faden ist schwächer als in der Normalware, weshalb man die Schleifen entsprechend kürzer herzustellen hat. Da aber die Regulierung der Kuliertiefe allein nicht hinreicht, daß die Maschen in der Teilung verbleiben, so muß durch ein scharfes Kulieren und Abschlagen der Faden zu bleibenden Schleifen wenigstens geformt werden. Selbstverständlich ist die Fadenlage nicht unbedingt gesichert wie in der Normalware. Dennoch wird unternormale Ware vorzugsweise hergestellt, weil sie sich wegen der weniger geschlossenen Fadenlage leichter arbeiten läßt und auf diese Weise Waren gleicher Teilung von verschiedenem Gewichte (Garnmenge, Dichte, Qualität) erhalten werden. Um diese Waren zu bezeichnen, setzt man für Normalware die Zahl 100 und gibt die Waren aus schwächeren Garnen in Prozenten an. Man erhält aus:

$$100 : N_w = k : k_1,$$

wenn man die gefundenen Werte einsetzt:

$$N_w = 3{,}125 \frac{N_m^2}{N_g}.$$

Für Seide ist:

$$100 : N_w = k_2 : k$$

oder:

$$N_w = L \cdot N_g \, N_m^2.$$

N_w ist die Warennummer. Sie ist die notwendige Ergänzung der Numerierungen. Aus der Gleichung zwischen den drei Nummern kann man eine davon errechnen, wenn die beiden anderen gegeben sind. Das Gesagte gilt für glatte Waren (mit der Fadenlage der Grundware), für Musterwaren ist die Numerierung noch nicht versucht worden.

d) Das Fachzeichnen.

Eine bildlich genaue Darstellung der Ware kommt weniger in Betracht, weil die Fäden sich vielfach überdecken, zu wenig sichtbar sind und auch Schnitte den Überblick nicht erleichtern. Man zeichnet deshalb die Fäden bloß als Linien und hat, da durch Linien nur die Art der Verschlingung bestimmt ist, mehr Freiheit in der Anordnung. Es wird entweder die Lage, die der Faden während der Entstehung der Ware, oder die er in der fertigen Ware einnimmt, gezeichnet. Die Größenverhältnisse, das Aussehen, die Eigenschaften der Ware und das Material, aus dem die Ware hergestellt wird, sind aus der Zeichnung nicht zu entnehmen. Da alles Wissenswerte in einer Zeichnung überhaupt nicht dargestellt werden kann, so hat man sich auf die Angabe des Wichtigsten zu beschränken und das ist — wie die Ware hergestellt wird. Fadenlage und Herstellung sind durch einander bedingt. In einer symbolischen Zeichnung sind somit beide zugleich dargestellt.

Die Fadenverschlingung, durch welche die Gänge der Grundware zusammenhängen, nennt man Bindungen. Am Maschenstäbchen der Abb. 27a beteiligt sich jeder Gang an zwei Bindungen, der ersten und

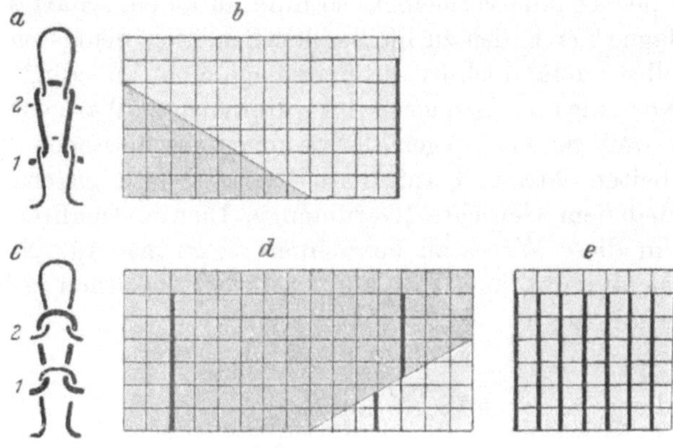

Abb. 27.

zweiten Bindung. In der Zeichnung der Grundware Abb. 27b sind die Rechtsbindungen der Abb. 27a durch ein rotes Farbzeichen ersetzt. Man hat sich den Warenschlauch zusammengelegt zu denken, so daß durch den Eckabschnitt auch die linke Warenseite sichtbar wird. Von dieser Seite ist die Fadenverschlingung eine Linksbindung und wird mit grauer Farbe bezeichnet. Das Liniennetz der Bindungsvierecke ergibt sich aus der Anordnung der Bindungen in Reihe und Stäbchen. Die Bindungen steigen nicht längs einer Schraubenlinie an, sondern der Faden geht rechts zwischen den letzten Maschenstäbchen von der einen Reihe (Gang) in die nächste über (Abb. 9b) und dieser aufsteigende Faden wird mit der starken Linie angegeben. Durch diese Darstellung ist die Herstellung der Ware auf einer Nadelreihe gekennzeichnet und mit den Farbzeichen die Lage der Nadeln zur Ware bzw. die Bindungen, die sie erzeugen (etwa auf einer flachen Strickmaschine) symbolisiert. Auch die Richtung des Fadenganges (Schraubenlinie) ist durch die in das letzte Viereck eingezeichnete starke Linie vollständig bestimmt. Der Faden gelangt von dieser Bindung in die nächste Reihe, die stets rückwärts beginnt. In Abb. 27 c und d ist die dreifädige, linksgängige Grundware aus Linksmaschen, in Abb. 27 e der linksgängige Kettenatlas aus Rechtsmaschen, Abb. 19a, dargestellt.

Eine mit der Ware verhältnisgleiche Linierung liefert auch formrichtige Zeichnungen.

2. Einteilung der Waren.

In der Warenkunde wird betrachtet, auf welche Weise aus den gegebenen Rohstoffen und Fäden ein Gefüge mit Wareneigenschaften durch eine zweckmäßige Entwicklung der Herstellungsart entsteht. Es ist dabei von den Beziehungen des Zusammenhanges (Bindungslehre) und auch von der besonderen Art der Ausführung der Arbeiten (Maschinenkunde) abzusehen.

Ware ist ein Gegenstand, der sich zum Gebrauche eignet. Drückt man die Eignung durch Eigenschaften aus, so ist die Ware bestimmt durch den Inbegriff dieser Eigenschaften. Um die Waren in dieser natürlichen Art einteilen zu können, müßte man jedoch die Eigenschaften genau kennen, wissen, wodurch sie hervorgerufen und wie sie zusammengesetzt werden, was noch viel zu wenig bekannt ist. Ebenso ist eine Ordnung der Waren nach dem Gefüge nicht zweckmäßig. In diesem Sinne haben indessen die im vorigen Abschnitte dargelegten Bezeichnungen immerhin schon die Bedeutung von Anfängen einer natürlichen Warenkunde. Andrerseits kann man nur dasjenige herstellen, was mit den gegebenen Hilfsmitteln möglich ist. Nicht die Gebrauchseigenschaften und die Beziehungen des Zusammenhanges haben die Art der Entwicklung bestimmt, sondern die verschiedenen Waren sind entstanden, weil bez. so wie sich die Herstellungsart der Gundware leicht entwickeln läßt. Die Warenkunde wird so zu einer allgemeinen Herstellungslehre. Nach dieser Auffassung werden die Wirkwaren in folgende drei Hauptgruppen eingeteilt:

Einfache Waren. Sie sind einfach, weil ihre Arbeitsweise aus den Arbeitsvorgängen für die Herstellung von Grundware unmittelbar hervorgeht.

Waren mit entwickeltem Gefüge. Die Waren entstehen durch die weitere Entwicklung der ordentlichen Arbeiten, die durch Hinzufügung neuartiger Arbeiten erweitert werden.

Gebrauchsgegenstände. Die Herstellung ist gekennzeichnet durch eine bestimmte Art der Zusammensetzung der Arbeiten (Methode der Formgebung), wobei, um zweckmäßige Warenformstücke zu erhalten, auch Arbeiten, die als eine Entwicklung der Maschenbildung nicht mehr anzusehen sind, ausgeführt werden.

3. Einfache Waren.

Die glatte Ware. Die Grundwaren heißen glatte Ware, wenn man von der Anordnung der Gänge in Schraubenlinien absieht. Die glatte Ware ist jedes Bruchstück der Grundware, in dem die Reihen der Maschen und Stäbchen als zueinander normalstehend angenommen werden. Die Ware besteht von der einen Seite besehen aus Rechtsmaschen, Abb. 28a, von der anderen Seite betrachtet aus Linksmaschen, Abb. 28b. Sie ist im ersten Falle glatte Rechtsware, im anderen Falle glatte Linksware. Bei der Verwendung der Ware wird gewöhnlich die rechte Seite bevorzugt (Gebrauchsseite), weil auf ihr die geraden Seitenteile der Maschen sichtbar sind, die sich besser anordnen als die Bogen auf der linken Seite. Die rechte Seite ist glatt, gleichmäßig und glänzend, die linke Seite rauh, ungleichmäßiger und glanzlos. Sie ist auch unreiner,

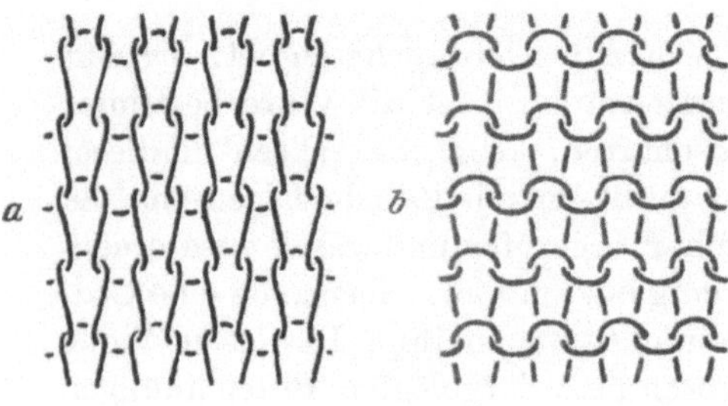

Abb. 28.

denn Knoten oder dickere Stellen des Garnes gelangen bei der Herstellung fast immer auf die linke Seite.

Wegen der einfachen Fadenlage werden Ungleichmäßigkeiten des Fadens und der Maschen an der glatten Ware besonders auffallen. Man stellt sie deshalb selten aus einfachem Garne her. Gewöhnlich werden duplierte Garne und Zwirne (Flor) verarbeitet. Die einzelnen, schwächeren Fäden nehmen die Krümmungen leichter an und füllen die Ware besser als ein einfacher stärkerer Faden. Je weicher (biegsamer) der Faden ist, um so leichter läßt er sich formen. Seide, hartes Kammgarn und harte Zwirne sind deshalb weniger geeignet. Die gleichmäßigste Ware erhält man von den Regulärwirkmaschinen (Pagetmaschine). Strickwaren und Kettenwaren sind ungleichmäßiger, weil es schwieriger ist, die Fäden bei der Herstellung andauernd gleichmäßig zu spannen. Glatte Ware wird bis zur Feinheit von N_m 20 (22) bei Verwendung der Zungennadel, von N_m 34 (36) engl. bei Verwendung der Hakennadel und in der Qualität bis etwa N_w 40 erzeugt.

Die glatte Ware ist unter allen Wirkwaren die leichteste (dünnste). Die Dehnbarkeit ist am größten in der Richtung der Reihe und am kleinsten in der Richtung des Stäbchens. Die Widerstandsfähigkeit im Gebrauche (beim Tragen, in der Wäsche) ist wegen der Schmiegsamkeit und der gleichmäßigen guten Bindung bedeutend.

Die Rechts- und Rechtsware. In der Reihe der einfachen Rechts- und Rechtsware Abb. 29 wechselt eine Rechtsmasche mit einer Linksmasche ab, wogegen jedes Stäbchen nur aus Maschen der gleichen Art besteht. Zur Herstellung auf der flachen Strickmaschine werden beide Nadelreihen zu einer neuen Reihe vereinigt, welche abwechselnd aus einer Nadel der vorderen und der rückwärtigen Seite zusammengesetzt ist, was möglich ist, da die Nadelkanäle einander nicht gegenüberliegen. Die Schlösser arbeiten auf beiden Seiten zugleich. Die Ware hat eine feste Anfangsreihe. Glatte Ware kann man sowohl von oben wie auch von unten auftrennen. Denn dreht man sie um 180 Grad, so werden die Platinenmaschen (die nach abwärts gerichteten Bogen) zu Maschenköpfen (Nadel- oder Stuhlmaschen). Die Arbeitsrichtung ist nicht bestimmbar. Die Rechts- und Rechtsware hingegen läßt sich nur von oben auftrennen, weil die Fäden an den Platinenmaschen sich zwirnen.

Die Platinenmaschen können nicht zugleich Nadelmaschen sein. Die Arbeitsrichtung kann sofort festgestellt werden. Die Platinenmaschen bewirken ferner, daß die Rechtsmaschenstäbchen auf der vorderen Seite und die Linksmaschenstäbchen auf der rückwärtigen Seite sich aneinanderlegen, wenn die Ware sich selbst überlassen ist. Denn die Platinenmaschen müssen in der gezeichneten Lage, die sie nur während der Herstellung

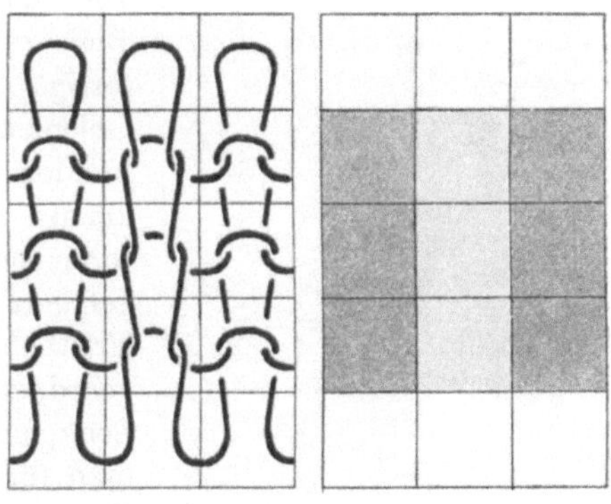

Abb. 29.

oder bei einer Anspannung der Ware haben, eine doppelte Krümmung annehmen. Da aber die zweite Krümmung (senkrecht zur Zeichenebene) durch die Fadenlage nicht bedingt ist, so sucht der Faden sich zu strecken. Die Platinenmasche führt eine kleine Drehung nach vorne bzw. rückwärts aus, bis die Maschenstäbchen nahezu voreinander liegen. Besonders an dichter Ware aus steiferen Fäden werden von beiden Seiten der Ware nur Rechtsmaschen sichtbar sein, daher der Name Rechts- und Rechtsware. Die Reihenfolge der verschiedenen Maschenstäbchen kann auch eine andere sein. Die Ware mit abwechselnd zwei Rechts- und zwei Linksmaschenstäbchen heißt Patentränderware. Um dieselbe auf der Strickmaschine herzustellen, zieht man jede dritte Nadel ab. Im allgemeinen nennt man solche Waren gerippt.

Die Rechts- und Rechtsware Abb. 29 ist nächst der glatten Ware die einfachste Wirkware, denn der Unterschied besteht nur darin, daß negativ-gleiche Maschenstäbchen längs der Fäden angeordnet sind, während in der glatten Ware alle Maschenstäbchen gleich sind. Sie ist als eine zweite glatte Ware (Rechts- und Linksgrundware) anzusehen.

3*

Beim Stricken von Rechts- und Rechtsware werden die verschiedenen Maschenstäbchen unabhängig voneinander hergestellt. Ebenso wird auch mit einer Kette von Fäden die Legung zuerst auf die eine Nadelreihe ausgeführt und zu Maschen ausgearbeitet und dann erst die Fäden auf die zweite Nadelreihe gelegt und diese Maschenreihe für sich gebildet. Anders ist die Arbeitsweise des Wirkens von Rechts- und Rechtsware. Man erzeugt eine Linksmaschenreihe mit längeren Schleifen und aus den Platinenmaschen derselben die Rechtsmaschenreihe. Der Handstuhl ist zu diesem Zwecke durch eine Einrichtung ergänzt, die man Rändermaschine nennt.

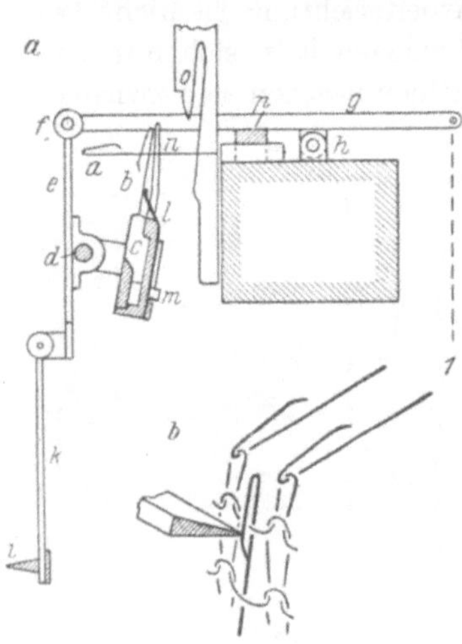

Abb. 30.

Zwischen den Stuhlnadeln a, Abb. 30 a, liegt die Reihe der Maschinennadeln b. Die Maschinennadeln sind mittels der Bleie c an der Maschinennadelbarre befestigt. Die Barre ist beiderseits durch Gelenksbolzen d mit den Armen e verbunden, welche gleichfalls durch Gelenke f an den Armen g befestigt sind. Die letzteren sind bei h an der Stuhlnadelbarre gelagert und die Schnur l, die zu einem Tritthebel führt, der unten im Stuhle angeordnet ist, ermöglicht das Heben und Senken der Maschinennadeln, während man für die Vor- und Rückbewegung die Barre um die Bolzen d und f dreht. i ist die Maschinenpresse, welche an den Armen k gedreht werden kann. Dicht hinter den Maschinennadeln liegt das Scheuerblech l (der Abschlagskamm), das an der Nadelbarre geführt wird und an den Zapfen m in der Richtung der Nadeln so weit nach aufwärts bewegt werden kann, bis die obere Kante über die Nadelköpfe hinausreicht.

Es befinde sich zu Beginn schon ein Stück glatte Ware auf den Stuhlnadeln, dann wird diese zugleich mit den Maschinennadeln eingeschlossen. Damit die Maschinennadeln die richtige Stellung in den Kehlen der Platinen einnehmen und nicht etwa an die Platinen anstoßen, befindet sich an der Barre seitlich der Arm n und an der Platinenbarre die Führung o in der Form einer Platine. Wird n in o eingelegt, so haben die Maschinennadeln die richtige Lage. Am Stuhle wird jetzt eine Maschenreihe in der gewöhnlichen Weise hergestellt, jedoch sehr lange Schleifen kuliert. Damit das möglich ist, müssen die Platinen tiefer ausgeschnitten sein.

Nach dem Abschlagen dieser Stuhlreihe liegen die Platinenmaschen quer über den Maschinennadeln. Dann wird eine zweite Reihe am Stuhle hergestellt, wonach auch die Platinenmaschen dieser auf den Maschinennadeln liegen. Die Ausbildung der Maschinenmaschen ist hierauf folgende:

Einschließen auf der Maschine. Die Maschinennadeln werden so hoch gehoben, daß die Henkel unter die Spitzen derselben gelangen.

Vorbringen und Pressen. Die Maschine wird soweit gesenkt, bis der obere Henkel unter dem Haken, der untere außerhalb des Hakens liegt, Abb. 20b, und die Nadeln mit der Maschinenpresse gepreßt. Diese Bewegung ist schwierig, weil die Henkel sehr nahe beisammen liegen und nicht wie am Stuhle durch den Schnabel der Platine getrennt werden können. Unter dem Hebel g liegt deshalb ein Schieber p, welcher so bemessen ist, daß beim Aufliegen von g die Nadeln die richtige Stellung zu den Henkeln haben.

Auftragen. p wird zur Seite geschoben und die Maschine gesenkt, wodurch die unteren Henkel (Maschenköpfe) sich auf die Nadelspitzen schieben.

Abschlagen. Das Scheuerblech wird angehoben und die Maschine etwas vorgezogen und gesenkt. Das Abschlagen geht nicht leicht vonstatten, weil die schon abgeschlagenen Stuhlmaschen dabei verkürzt werden müssen. Es ist deshalb ein stärkerer Warenabzug erforderlich.

Andrerseits ermöglicht gerade die Ausbildung der Stuhl- und Maschinenmaschen aus denselben Schleifen die Herstellung von sehr dichter Ware. Wenn beim Stricken kurze Schleifen erzeugt werden, so wird die jeweils letzte Masche Faden an die vorhergehende Masche abgeben, weil sie selbst Faden von der Spule noch abziehen kann. Beim Wirken ist das nicht möglich. Die Maschen können keinen Faden aneinander abgeben, da die ganze Schleifenreihe schon vorher kuliert wurde. Gewirkte Rechts- und Rechtsware ist nicht nur gleichmäßiger, sondern auch elastischer als gestrickte. Insbesonders ist die glatte Rechts und Rechtsware, Abb. 29, aus einem etwas steiferen Faden hergestellt und dicht gearbeitet, sehr elastisch. Sie wird vorzugsweise zu Randstücken an Gebrauchsgegenständen verwendet und heißt deshalb auch Ränderware.

Die Links- und Linksware. In der einfachen Links- und Linksware, Abb. 31a, wechselt eine Linksmaschenreihe mit einer Rechtsmaschenreihe ab. Die Ware wird mit der Doppelzungennadel gestrickt. Die Nadelbetten stehen wagrecht und die Nadelkanäle sind nicht versetzt, sondern liegen einander gegenüber. Die Nadeln können deshalb aus dem einen Nadelbett in das andere übergeführt werden. Man steuert die Nadeln derart, daß sie einmal auf der einen Seite und dann auf der anderen Seite der Ware arbeiten. Die Linksreihen der Ware schließen sich ähnlich wie die Rechtsstäbchen der Rechts- und Rechtsware aneinander, daher der Name. Wechseln nicht alle, sondern nur einzelne Nadeln die Seite, so entsteht die gemusterte Links- und Linksware. Sie ist zugleich Rechts- und Rechtsware. Die Musterung besteht in der zweckmäßigen Anordnung von Rechts- und Linksmaschen, doch ist diese in den üblichen Ausführungen keine ganz beliebige, sondern es wechselt nach Abb. 31b eine glatte Reihe mit einer Rechts- und Rechtsreihe — der Musterreihe — ab. Das Muster tritt erst in größeren Flächen durch den Unterschied der Links- und Linksware und der glatten Ware deutlicher hervor. Die Gebrauchsseite ist die rechte Seite der glatt gearbeiteten Teile.

Die Links- und Linksware ist im besonderen dadurch gekennzeichnet, daß im Maschenstäbchen Maschen verschiedener Art vorkommen. Die Veränderung des Gefüges erstreckt sich auf den Zusammenhang im

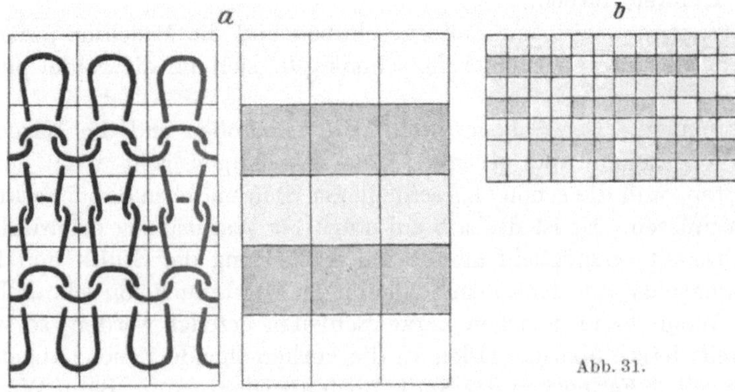

Stäbchen — also auch auf die Verschlingung der Fäden — und der Unterschied gegen die glatte Ware ist schon bedeutend. Man kann sie deshalb nicht als eine dritte Art von glatter Ware ansehen.

Bei der Musterung mit Rechts- und Linksmaschen hat sich an der einzelnen Masche und an der Anordnung der Maschen im Fadengange nichts geändert. Das Netz der Bindungen bleibt ein geschlossenes. Weitere Veränderungen der Fadenlage an den einfachen Waren ergeben sich aus der Arbeit der Nadel und der Anordnung der Fadengänge.

Die Bildung der Stäbchen durch die Nadeln ist ein kontinuierlicher Arbeitsvorgang, denn die Nadel und der Faden bleiben nach der Herstellung der Maschen noch in Verbindung. Außer der Herstellung der Masche sind aber mit der Nadel noch folgende Verrichtungen möglich.

Der Maschenkopf steht mit der Nadel durch den Haken in Verbindung. Er wird von der Nadel abgeworfen (abgesprengt), wenn die Nadel ohne Faden fortarbeitet. Diese Nadel kann dann ausgerückt (auf der Strickmaschine abgezogen) werden, d. h. sie beteiligt sich in keiner Weise mehr am Arbeitsvorgange. Ein Ausrücken ohne Absprengen wird Abstellen genannt. Die Nadel setzt nach der Ausbildung der Masche in der Arbeit aus, empfängt keinen Faden, behält aber noch den Maschenkopf (auf der Strickmaschine dann, wenn sie vom Schlosse nicht erfaßt wird). Schließlich kann die Nadel bis zum Abschlagen des Maschenkopfes fortarbeiten. Sie fängt den Faden oder die Schleife, ohne sie durch den Maschenkopf zu ziehen. Das Ausrücken, Absprengen, Abstellen und Fangen sind in der Arbeit zur Ausbildung der Masche enthalten und keine neuartigen Verrichtungen der Nadel. Sie beeinflussen die Fadenlage im allgemeinen derart, daß nunmehr aus dem geschlossenen Netz der Bindungen einzelne Bindungen ausfallen.

Die Laufmaschenware. Wird der Maschenkopf von einer Nadel abgesprengt, so lassen sich die Schleifen des ganzen Stäbchens nacheinander herausziehn, Abb. 32. Die Bindungen verschwinden und an ihre Stelle treten die querliegenden Fäden (Zuglaufmaschen). Da dieselben

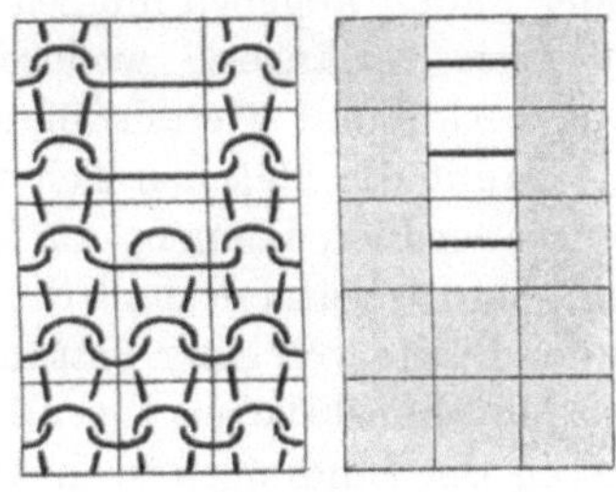

Abb. 32.

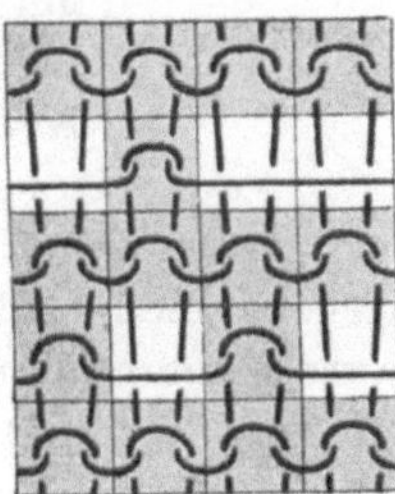

Abb. 33.

aus den vollständigen Maschen hervorgehen, so wird die Breite der Ware vergrößert. Wird jedoch vorher die Nadel abgezogen oder herausgenommen, so ändert sich die Breite weniger (Nadellaufmaschen). Ähnliches erreicht man durch die Herstellung längerer Schleifen im Maschenstäbchen, indem einzelne Platinen tiefer kulieren als die anderen (Platinenlaufmaschen). Die weitere bzw. vollständige Auflösung des Maschenstäbchens kann verhindert werden, wenn man den letzten Maschenkopf auf die danebenbefindliche Nadel überträgt, wo er zusammen mit dem Maschenkopf des Stäbchens abgebunden wird. Auf diese Weise kann mit Laufmaschenstäbchen gemustert werden.

Diese Art der Abbindung ist beim Abstellen der Nadeln nicht notwendig. Die Nadeln können jederzeit das Stäbchen wieder fortsetzen, woraus sich eine andere Art der Musterung ergibt.

Hinterlegte Waren. Die Herstellung ist gekennzeichnet durch das zeitweilige Aussetzen des Bindungsvorganges auf einzelnen Nadeln. An der unterlegten Farbmusterware Abb. 33 wechselt eine Musterreihe mit einer glatten Reihe ab. Werden die Musterreihen und die glatten Reihen mit Fäden von verschiedener Farbe hergestellt, so entsteht ein

Farbmuster. Auf der rechten Warenseite sind nur die Seitenteile der Maschen sichtbar. Die glatten Reihen liefern auf derselben somit eine zusammenhängende Fläche (Grund), auf welcher an einzelnen Stellen die sich einschiebenden Mustermaschen (Figur) hervortreten.

Besteht die Ware nur aus Musterreihen, so nennt man sie gewöhnlich Buntmusterware. Auch in diesem Falle ist es zweckmäßig die Bindungen regelmäßig zu verteilen. In Abb. 33 verlaufen die Bindungsreihen gerade, was jedoch nur möglich ist, wenn man die Maschen in der entsprechend verschiedenen Länge zeichnet, obwohl sie in der Regel gleich lang hergestellt werden. Ist die Anzahl der Bindungen in den Maschenstäbchen verschieden, so werden entweder einzelne Teile aus der Ebene herausgehoben, oder es werden die Maschen aneinander Faden abgeben müssen. Einzelne Maschen werden verlängert, wodurch die Nebenmaschen sich verkürzen. Gerade Bindungsreihen aber wird man selten erhalten. Damit die Maschen sich wenigstens noch nebeneinander in der Ebene anordnen können, dürfen die Laufmaschenstäbchen nicht zu lang sein. Man arbeitet deshalb die Buntmusterware gewöhnlich derart, daß in der Breite von einer bestimmten, kleineren Anzahl von Reihen in jedem Maschenstäbchen eine Bindung liegt. Die einfachste derartige Anordnung der Bindungen ist in Abb. 34 gezeichnet. Die Bindungen sind wie die Felder eines Schachbrettes angeordnet. Jede Nadel arbeitet eine Bindung und ist dann abgestellt. Jede zweite Nadel arbeitet gleich. Man hat also aus der vollen Nadelreihe zwei Gruppen gebildet, die gleich, aber abwechselnd arbeiten. Je zwei Musterreihen ergeben eine volle Bindungsreihe, oder nach Ausführung von zwei Reihen hat jede Nadel eine Bindung hergestellt. Arbeiten die Nadelgruppen mit Fäden von verschiedener Farbe, so erhält man eine langgestreifte Ware, denn jedes zweite Maschenstäbchen besteht aus denselben Fäden.

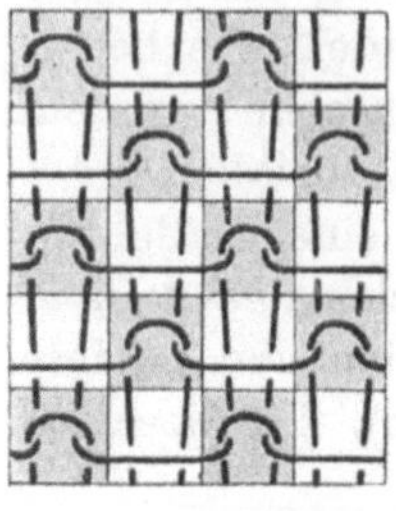

Abb. 34.

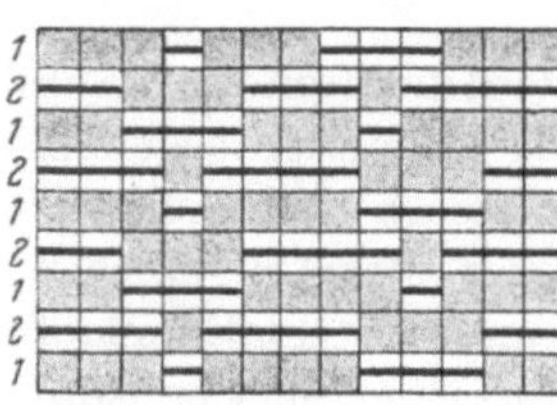

Abb. 35.

Auch bei Herstellung der Buntmusterware nach Abb. 35 wird die Nadelreihe in zwei Gruppen zerlegt, die abwechselnd und mit Fäden von verschiedener Farbe arbeiten. Je zwei Musterreihen, *1* und *2* liefern eine volle Musterreihe. Die Maschen derselben verlaufen in der Ware nahezu in einer Geraden, weil die eine Gruppe in die Zwischenräume der anderen sich einfügen kann. Für die Herstellung der nächsten Musterreihe ist die Nadelreihe wieder in zwei Gruppen zu teilen, die nacheinander

arbeiten und die Maschen werden sich ebenfalls zu einer vollen Reihe
ergänzen. Die Gruppen können beliebig zusammengestellt werden, nur
müssen zwei aufeinanderfolgende die volle Reihe ergeben. Auf diese
Weise kann man zweifärbige Muster in beliebiger Größe herstellen.
Eine Teilung der Nadelreihe in mehr als zwei Gruppen ist nicht emp-
fehlenswert, weil die Fäden dann nicht mehr genügend abgebunden
werden. Die aus der glatten Ware entwickelten Buntmusterwaren
haben den Nachteil, daß die querliegenden Fadenstücke beim Gebrauch
der Ware leicht zerreißen. Die Ware verliert durch dieselben die Dehnbarkeit in der Richtung der Reihe.

Wesentlich günstiger ist die Buntmusterung von Rechts- und Rechtsware. Die querliegenden Fadenstücke befinden sich zwischen den Rechts-
und den Linksmaschen und sind daher gar nicht sichtbar. Ferner ist

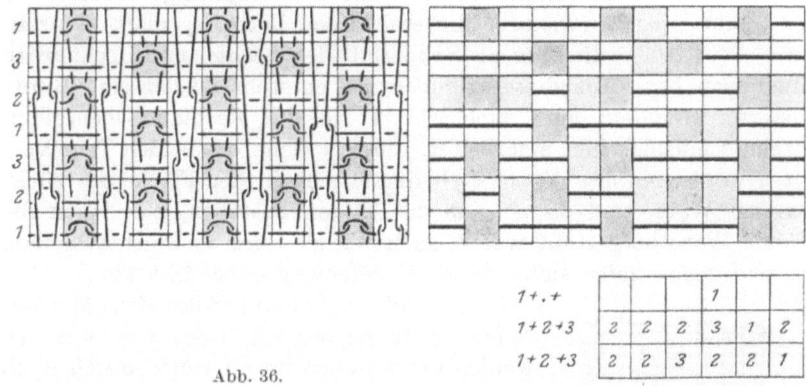

1 + . +				1		
1 + 2 + 3	2	2	2	3	1	2
1 + 2 + 3	2	2	3	2	2	1

Abb. 36.

die Nadelreihe schon von vornherein in zwei Gruppen geteilt, und es
kann entweder mit der vorderen bzw. der rückwärtigen Nadelreihe oder
mit beiden gemustert werden. Man kann einseitige und zweiseitige
Buntmuster herstellen. Arbeitet die eine Nadelreihe ununterbrochen
(glatt) fort, so erhalten die Fäden dadurch die erforderliche Abbindung
und die andere Nadelreihe kann in drei und sogar in vier sich zur vollen
Reihe ergänzende Gruppen zerlegt werden. Es lassen sich zwei-, drei-
und vierfärbige Muster erzeugen.

An der in Abb. 36 dargestellten Buntmusterware sind die Linksbindungen einfach versetzt (wie in Abb. 34). Das Muster liefern
die Rechtsmaschen. Von den Rechtsbindungen geben je drei aufeinanderfolgende (1, 2, 3) zusammen eine volle Reihe. Die Nadelreihe ist
dementsprechend in drei Gruppen von arbeitenden und abgestellten
Nadeln zu teilen. Wird jede Reihe mit einem Faden von anderer Farbe
hergestellt, so ist die Musterreihe dreifärbig, und da für die nächste Musterreihe die Nadeln wieder ganz beliebig in arbeitende und abgestellte

gruppiert werden können, so besteht in der Verteilung der Farbmaschen keine Beschränkung. Von den Linksmaschen liefern je zwei Reihen eine Musterreihe. Da die Anzahl der Reihen, aus welchen sich die Musterreihe zusammensetzt, auf jeder Seite eine andere ist, so werden sich die Maschen auf keiner Seite ganz gerade anordnen können. Arbeitet man die Rückseite mit der vollen Anzahl (glatt), so wird die Ware dichter und schwerer. Die einfache Musterung mit den Links-

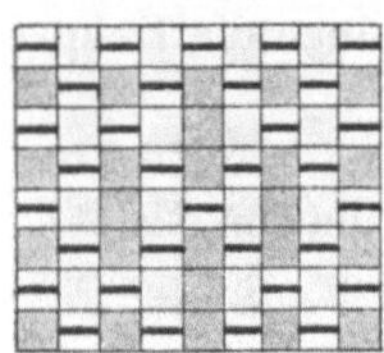

Abb. 37.

maschen hat den Zweck, eine leichtere, lockere Ware zu erhalten, damit die Gruppen der Mustermaschen sich leichter zu einer geraden Reihe anordnen können.

Die einfachste Arbeitsweise mit zwei Nadelreihen ergibt sich, wenn die Nadelreihen abwechselnd arbeiten. Man erhält die eingängige Grundware bzw. zwei hintereinander liegende, glatte Waren, die man als Sonderfall der Rechts- und Rechtsware aufzufassen hat. Aus dieser Doppelware entsteht wieder eine Buntmusterware, indem man nach Abb. 37 in die Rechtsmaschenreihen einzelne Linksmaschen einarbeitet, durch welche die beiden Teile verheftet werden. Diese Maschen befinden sich in der Fläche der rückwärtigen Ware, und da sie aus den Fäden bestehen, aus denen die vordere Ware hergestellt wurde, so treten sie dort als Mustermaschen auf und diese Seite sieht durch dieselben wie bestickt aus.

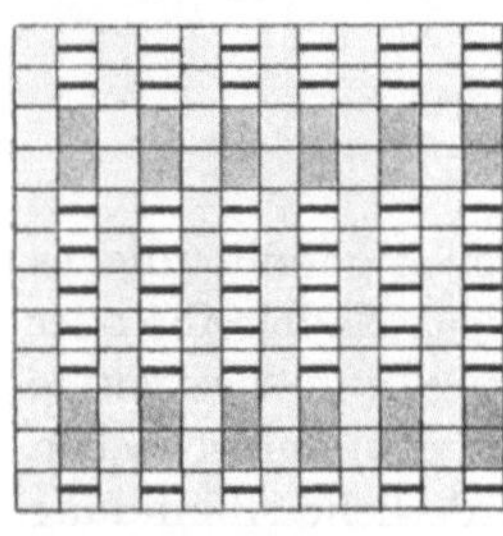

Abb. 38.

Wenn die aufeinanderfolgenden Musterreihen sich gegenseitig nicht ergänzen, so werden die Maschen im allgemeinen sich auch nicht mehr nebeneinander flach anordnen können. Einzelne Maschen oder Teile der Ware werden aus der Ebene herausgedrängt. Eine in dieser Art bewirkte Veränderung der Oberfläche heißt zum Unterschiede von der Farbenmusterung eine Oberflächen- oder Formenmusterung.

Wellen und Kreppmusterwaren. In der einfachen Welle sind nach Abb. 38 die kurzen Linksmaschenstäbchen durch längere Laufmaschenstäbchen unterbrochen. Die Ware besteht aus abwechselnd zwei Reihen glatter Rechts- und Rechtsware und aus einigen Reihen glatter Ware aus Rechtsmaschen. Die Rechts- und Rechtsreihen schließen sich fortlaufend aneinander, wodurch die glatte Ware als Falte aus der Ebene herausgehoben wird. Die Welle wird gestrickt, indem durch zwei Reihen sämtliche Nadeln, durch einige Reihen nur die Nadeln der rückwärtigen Seite arbeiten. Sind die Laufmaschenstäbchen versetzt oder von verschiedener Länge, so kann sich die Falte nicht so regelmäßig bilden und es entsteht ein Kreppmuster.

Die zweite Art, nach welcher die Fadenlage der glatten Waren durch die Nadel einfach verändert werden kann, ist das Fangen der Schleifen.

Preßmusterwaren. Man unterscheidet beim Fangen des Fadens zwei Arbeitsweisen. Die Nadel (N) arbeitet in der gewöhnlichen Weise bis zum Auftragen des Maschenkopfes, Abb. 39a. Der letzte Teil, das Durchziehen der Schleife entfällt. Der Faden gelangt beim Einschließen für die nächste Reihe zu dem Maschenkopf, worauf beide über den gelegten neuen Faden abgeschlagen werden, Abb. 40. Arbeitet die Nadel wiederholt in der gleichen Weise, so werden die Fäden von mehreren aufeinanderfolgenden Reihen gefangen und mit dem letzten Maschenkopf gemeinsam über den nächsten Gang abgeschlagen.

Nach dem anderen Verfahren wird das Abschlagen auf einzelnen Nadeln verhindert, indem der Hakenraum nicht geschlossen wird.

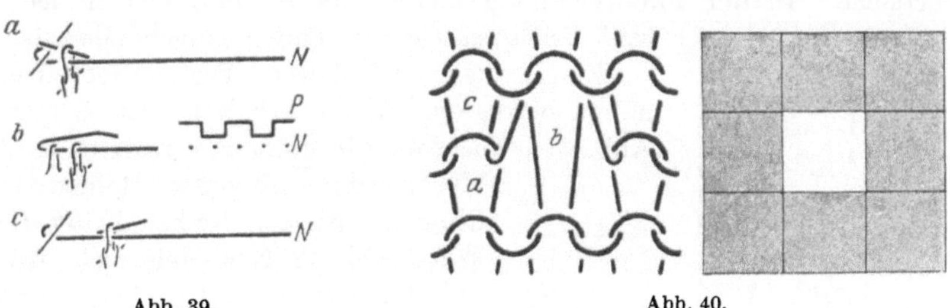

Abb. 39.   Abb. 40.

Die Presse P, Abb. 39b, ist über den betreffenden Nadeln ausgeschnitten (Musterpresse). Sie kann den Haken nicht treffen, weshalb die Maschenköpfe beim Auftragen zu den Schleifen gleiten, wohingegen die anderen Maschenköpfe auf die gepreßten Nadeln aufgetragen und abgeschlagen werden. Man kann auch mit der Zungennadel in dieser Art arbeiten. Der Maschenkopf wird nicht bis hinter die Zunge, sondern nur bis auf die Zunge eingeschlossen (Abb. 39c), weshalb beim nachfolgenden Zurückziehen der Nadel die Zunge nicht zur Wirkung kommt und der Maschenkopf wieder in den Haken gelangt. Die beiden Arbeitsweisen mit der Zungennadel unterscheiden sich somit dadurch, daß im ersten Falle das Abschlagen, im anderen Falle das Einschließen entfällt.

Die an der hinterlegten Ware freiliegenden Fadenstücke sind an der Preßmusterware eingebunden. Die Fadenlage ist geschlossener. Farbmuster entstehen ähnlich wie an der hinterlegten Ware, doch sind die Henkel auch auf der rechten Warenseite teilweise sichtbar, und da die Maschenstäbchen durch die Henkel zusammenhängen, so wird die Zusammensetzung von Musterreihen erschwert. Die Preßmusterwaren werden deshalb meist nur zweifärbig ausgeführt. Gewöhnlich wechselt eine Musterreihe mit einer glatten Reihe ab. Die Masche *b* in Abb. 40 verlängert sich auf Kosten der Masche *a* und die Masche *c* wird breiter,

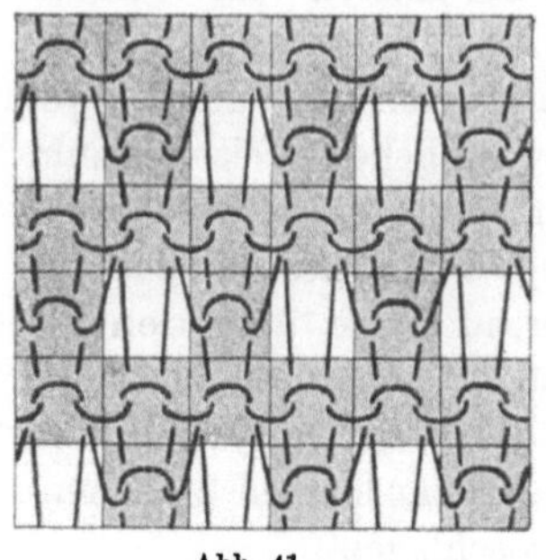

da der mit dem Maschenkopf von *b* vereinigte Henkel Faden abgeben kann, wenn die Schleifen sämtlich in der normalen Länge kuliert wurden. *b* und *c* sind die nebeneinander liegenden Farbmaschen. Die Oberfläche wird durch den Zug der eingebundenen Henkel noch stärker verändert. Alle Preßmusterwaren ha-

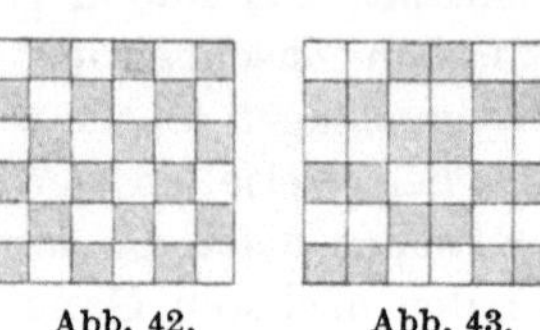

Abb. 41.   Abb. 42.   Abb. 43.

ben eine mehr oder minder deutlich gemusterte oder doch veränderte Oberfläche. In der Fachzeichnung bleibt das Bindungsviereck leer, weil der querliegende Faden eingebunden ist.

Einige der einfacheren Preßmusterwaren haben besondere Namen erhalten. Im Köper, Abb. 41, wechseln die einfach versetzten *1:1*

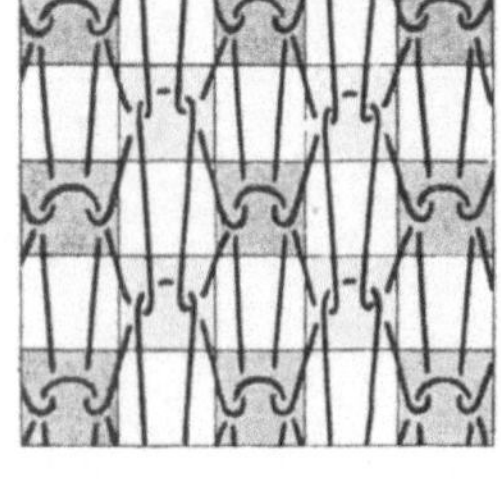

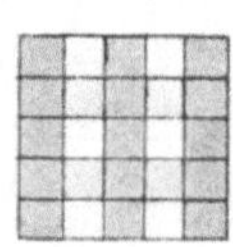

Abb. 44.   Abb. 45.

Musterreihen mit glatten Reihen ab. Ohne die glatten Reihen heißt die Ware Abb. 42 Einnadelstruck, mit *2:2* versetzten Musterreihen, nach Abb. 43, Zweinadelstruck. Werden im Struck die Reihen aus Fäden von verschiedener Farbe hergestellt, so ist die Ware langgestreift. Die einfachste Rechts- und Rechtspreßmusterware heißt Fangware, Abb. 44. Arbeiten die rückwärtigen Nadeln glatt, so fangen die vorderen Nadeln, worauf in der nächsten Reihe die vorderen Nadeln die Maschen, die rückwärtigen Nadeln die Henkel bilden usw. Die Nadeln arbeiten auf jeder Seite stets gleich. In der Perlfangware, Abb. 45, wechselt eine Fangreihe mit einer Rechts- und Rechtsreihe ab.

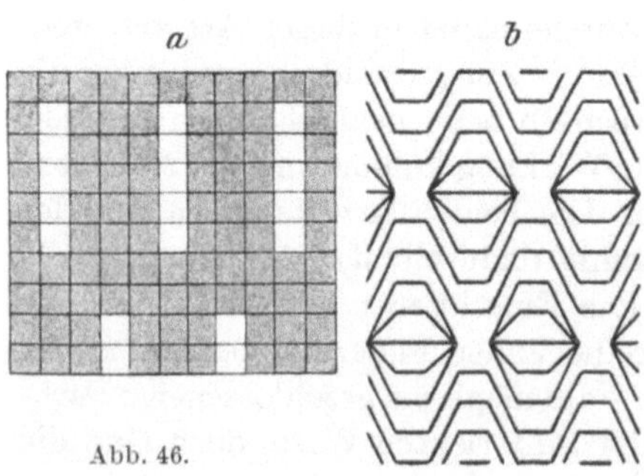

Abb. 46.

Ebenso arbeitet man bei der Herstellung von großgemusterter Ware auf der einen Nadelreihe glatt fort, während auf der anderen Nadelreihe abwechselnd eine Musterreihe und eine Rechts- und

Rechtsreihe gebildet wird, oder aber nur Musterreihen aufeinander-
folgen.

Die Waren, in welchen in den Maschenstäbchen mehrere Henkel
eingebunden sind, nennt man Ananas- oder Noppenwaren. Der Preß-
musterananas, Abb. 46, entsteht aus der glatten
Ware, indem die Henkel von mehreren (5) Reihen
zusammengefaßt werden. Es entstehen Faltungen,
denn die Reihen werden (Abb. 46b) zusammengezogen, wodurch die Ware sich zwischen diesen
Stellen aufwölben muß. Noch besser gelingt die
Ausbildung der Noppen an der Rechts- und Rechtsware. Bei der Herstellung der einseitigen Noppenware, Abb. 47, arbeiten die vorderen Nadeln glatt.
Die Noppe entsteht durch die Arbeitsweise der
rückwärtigen Nadeln, die zum Teile Henkel fangen,
zum Teile abgestellt sind. Die Fanghenkel ziehen

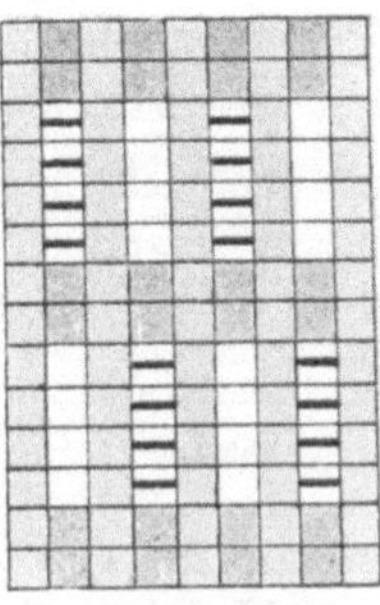

Abb. 47.

die Ware wie in Abb. 46 zusammen, während infolge des Abstellens
der Nadeln zwischen diesen Stellen glatte Rechtsware erzeugt wird,
die sich zu Noppen auf-
werfen muß. An dieser
Ware sind die Noppen
in Reihen geordnet. Man
kann aber die Zugstellen
auch derart verteilen,
daß reliefartige Noppen-
muster entstehen. Die
einfachen Noppen der

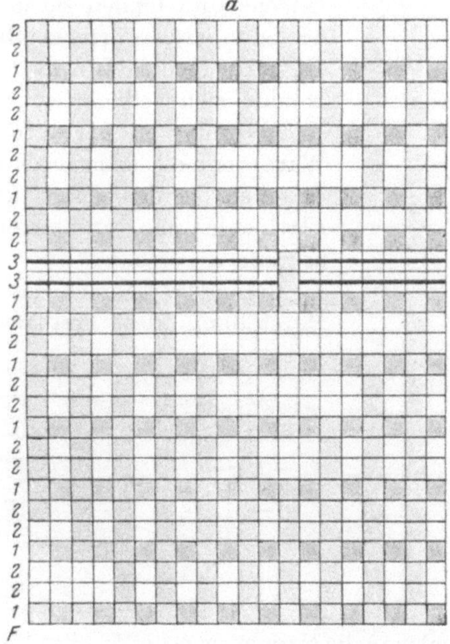

Abb. 48.

Abb. 47 lassen sich auch auf beiden Seiten der Ware hervorbringen.

In Abb. 48 ist noch eine Noppenware mit Farbenmusterung und
eingearbeiteten Punkten dargestellt. Abb. 48a gibt an, wie die Ware

zu arbeiten ist, Abb. 48b gibt Aufschluß, wie sich die Rechtsmaschen
zum Muster anordnen. In der Längsreihe *F* sind die Farben der Fäden
für die aufeinanderfolgenden Reihen angegeben. Dementsprechend
entsteht das Farbenmuster aus den Rechtsmaschen. Die Linksmaschen
werden stets mit Fäden der gleichen Farbe hergestellt, weshalb die Rückseite glatt und einfärbig
ausfällt. Die eingearbeiteten Punkte bestehen aus
je zwei Rechtsmaschen, deren lange Verbindungsfäden zwischen den Rechts- und Linksmaschen eingebunden, daher unsichtbar sind.

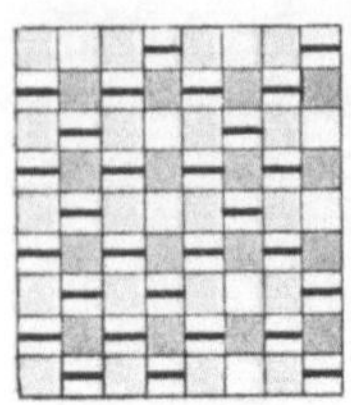

Abb. 49.

Geeignet angeordnete Henkel können statt der
Erhöhungen in der Ware Vertiefungen hervorbringen.
Ein Beispiel für diese Art der Oberflächenmusterung
ist die in Abb. 49 dargestellte Ware. Man erzeugt durch Abstellen
von Nadeln, wie im Beispiele Abb. 37, zwei hintereinander liegende
glatte Waren, die in diesem Falle durch Henkel miteinander verheftet werden. Während eine Reihe der vorderen Ware gebildet
wird, fangen einzelne Nadeln der rückwärtigen Nadelreihe die Platinenmasche und binden sie in der
nächsten, rückwärtigen Reihe
ab. An den Stellen, wo der
Henkel sich befindet, entsteht
eine Öffnung in der vorderen
Ware, denn die beiden Nachbar-
maschen werden durch keine
Platinenmasche zusammenge-
halten.

Besonders einfach ist die
Herstellung des Preßmusters

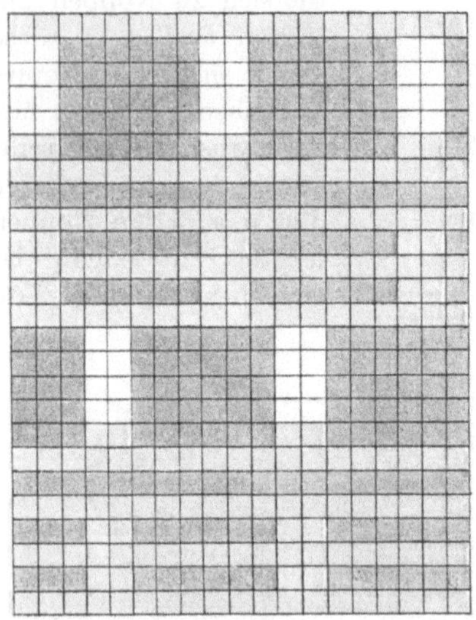

Abb. 50.

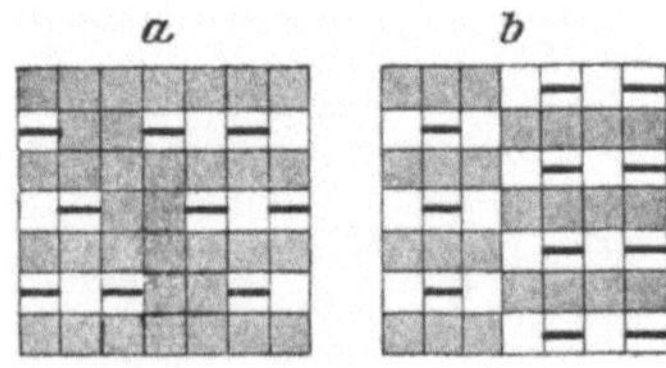

Abb. 51.

von Links- und Linksware, weil man die Nadeln, welche Maschen bilden,
auf der einen und die Nadeln, die Henkel fangen sollen, auf der
anderen Seite anordnen kann. Die Nadeln arbeiten also auf jeder
Seite gleich. Ein Beispiel der Arbeitsweise dieser Ware ist in Abb. 50
gezeichnet.

Es wurde schon erwähnt, daß die unterlegte Farbenmusterware wegen der auf der linken Warenseite freiliegenden Fäden wenig Verwendung findet. In der Schießerware, Abb. 51a und b, sind dieselben eingebunden. In der Ware nach Abb. 51a wechselt eine Musterreihe mit einer glatten Reihe ab. Für die Herstellung der Musterreihe sind die Nadeln in drei Gruppen zu teilen, die verschieden arbeiten. Die Nadeln der einen Gruppe arbeiten glatt, die der zweiten sind abgestellt und die Nadeln der dritten Gruppe fangen den Faden, um ihn einzubinden. Die Ware nach Abb. 51b ist langgestreift nach Art der Struckwaren. Sie wird ebenso hergestellt, nur fehlt die glatte Zwischenreihe. Da die Fäden eingebunden sind, so kann man die Langstreifen breiter als an den Struckwaren ausführen. Die letzteren Waren sind nicht mehr zu den Preßmusterwaren zu rechnen, weil das Fangen des Fadens einen anderen Zweck hat.

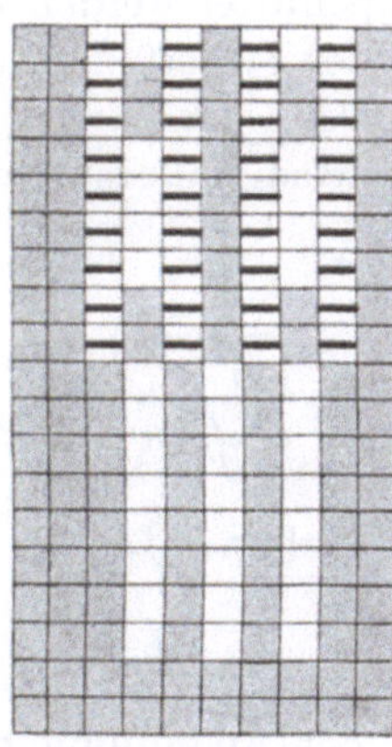

Abb. 52.

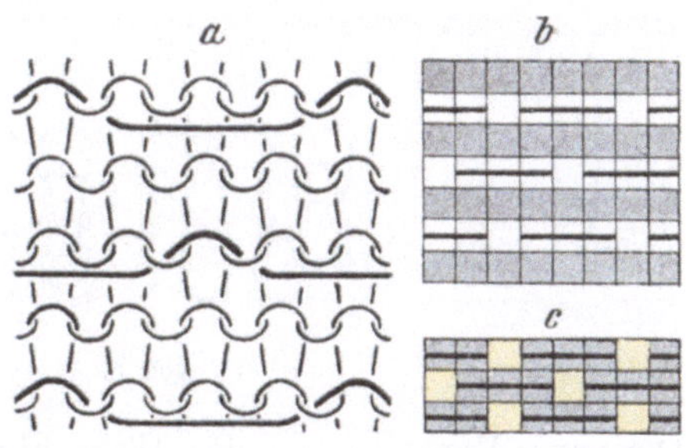

Abb. 53.

In Abb. 52 ist ein Stück einer Ware gezeichnet, die durch Laufmaschen und eingebundene Henkel gemustert ist und in welcher auch abgesprengte, nicht eingebundene Maschenköpfe vorkommen. Die Laufmaschen haben hier den Zweck, die Ware stellenweise zu lockern, damit die durch das Einbinden der Fadenhenkel geschaffene Fadenlage (das Preßmuster) deutlicher hervortritt als in einer geschlossenen Ware. Sie umfassen daher nicht das ganze Stäbchen. Dasselbe besteht zum Teile aus Laufmaschen, zum anderen Teile aus offenen Maschenstäbchen und beim Übergange befindet sich der freie Maschenkopf. Beim Anspannen der Ware würde sich das Maschenstäbchen weiter auftrennen, was verhindert werden muß. Die Fadenlage in der Umgebung des freien Maschenkopfes ist nun tatsächlich eine derartige, daß der Zug auf den letzten Teil des offenen Maschenstäbchens gar nicht einwirken kann, denn die acht Henkel können denselben nicht übertragen, weil sie sämtlich eingebunden sind.

Die Futterware. Ein Fadenstück, das nur durch Henkel angeheftet wird, nimmt am Zusammenhange der Ware nicht teil. Wird der Faden auf der ganzen Reihe in dieser Art eingebunden, zu dem Zwecke um die Ware zu verstärken, so heißt er Futterfaden. Der Futterfaden in Abb. 53a wird bei der Herstellung der Ware in der entsprechenden Anordnung über bzw. unter die Nadeln gelegt und dann zu den Maschenköpfen nach rückwärts geschoben, mit welchen zusammen er beim nächsten Abschlagen abgebunden wird. Für die Darstellung in der Fachzeichnung, Abb. 53b, hat man für denselben eine neue Reihe mit Henkeln und querliegenden Fäden, aber ohne Bindungen zu zeichnen. Man kann die Fachzeichnung noch vereinfachen, indem man nach Abb. 53c die Futterreihen auf die Maschenreihen setzt und die Henkel mit gelber Farbe bezeichnet. Der Futterfaden wird in jeder Reihe oder in jeder zweiten bzw. dritten Reihe und beim Doppelfutter werden zugleich zwei Futterfäden in jeder Reihe gelegt. Da der Futterfaden teilweise auch auf der rechten Warenseite sichtbar ist, so kann man mit ihm auch in beschränktem Maße mustern.

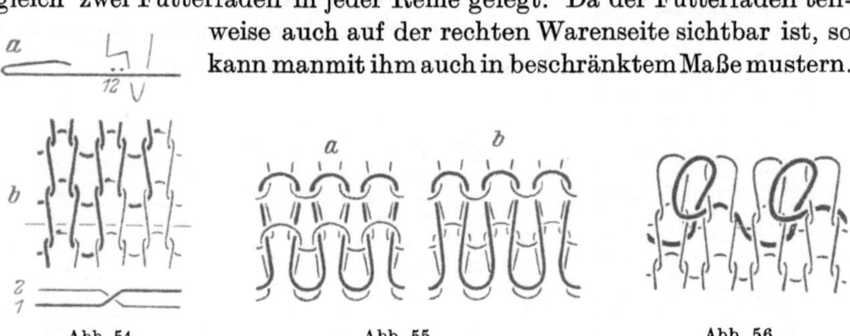

<table>
<tr><td>Abb. 54.</td><td>Abb. 55.</td><td>Abb. 56.</td></tr>
</table>

Die erste Veränderung der Ware hinsichtlich der Anordnung der Fadengänge liegt schon in der Entstehung der verschiedenen Grundwaren. Da sich im übrigen an der Ware nichts ändert, so bezeichnet man den Übergang von der eingängigen Ware auf die mehrgängigen Waren und die Kettenware als Teilung des Fadenganges. Man unterscheidet zwischen Kulierwaren (ein- und mehrgängige Waren) und den Kettenwaren. Infolge der von vornherein gegebenen Teilung des Fadenganges besteht in der Anordnung der Fäden eine größere Freiheit. Ohne die Art der Herstellung zu ändern, kann man die Ware im Fadengange leichter verändern, als es durch die Arbeit der Nadel bzw. der Nadelreihe möglich ist.

Die plattierte Ware. Die Maschen bestehen aus zwei Fäden von verschiedener Farbe oder aus verschiedenem Material, die derart geordnet hintereinander liegen und sich decken, daß jeder Faden nur auf einer Seite der Ware sichtbar ist. Bei der Herstellung, Abb. 54, werden die Fäden nebeneinander auf die Nadeln gelegt und in dieser Lage von den Platinen möglichst bis zum Abschlagen gehalten. Der Faden *1* gelangt dann auf die linke, der Faden *2* auf die rechte Warenseite. In der Plattiermusterware, Abb. 54b, vertauschen die Fäden stellenweise diese gegen-

seitige Lage. Die Ware ist wechselseitig gemustert. Da die Lage der
Fäden zueinander nicht durch die Bindungen, sondern nur durch die
bei geschlossener Fadenlage auftretende Reibung gesichert wird, so
liegt hier die einfachste Art des Musterns vor, die auf mechanischem
Wege möglich ist.

Plüsch, Schlingenware, Krimmer, Tuch- oder Bindefadenfutterware.
Plüsch entsteht wie die plattierte Ware aus zwei Fäden, doch werden
die Schleifen des auf die linke Warenseite gelangenden Fadens bedeutend
länger kuliert und liefern die Plüschhenkel, Abb. 55a. In der Plüsch-
musterware sind die Schleifen stellenweise gleich lang. Es entstehen
dadurch in der Plüschdecke Vertiefungen, die das
Muster ergeben. Seltener wird ein Plüsch hergestellt,
in dem die Plüschhenkel aus Schleifen bestehen, die
wie der Futterfaden, Abb. 55b, nur einmal eingebunden sind, weil sich diese leicht herausziehen
lassen. Die Schlingenware ist dem Zusammenhange
nach eine Futterware. Die Schlingen nehmen ihre
Lage, Abb. 56, erst nach der Fertigstellung der Ware
an. Als Futterfaden nimmt man hartes Kammgarn
oder Mohair und arbeitet ihn in einer größeren Länge
ein. Die Ware wird auf der rechten Seite geklopft,
wobei der Faden stellenweise von der linken auf die
rechte Warenseite durchschlüpft. Krimmerware wird
ebenso hergestellt, aber nicht geklopft. Die Schlingen
bleiben auf der linken Seite. In der Bindefadenfutterware, Abb. 57a, besteht die Grundware aus zwei
Fäden und der Futterfaden liegt zwischen diesen

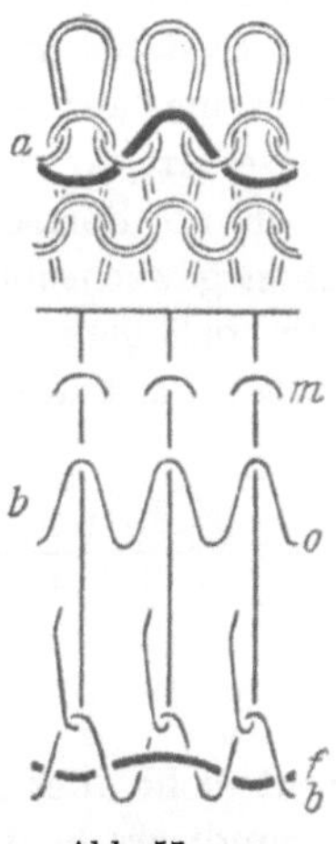

Abb. 57.

beiden. Der auf der rechten Warenseite befindliche heißt Oberdeckfaden. Er verhindert das Durchtreten und Sichtbarwerden des Futter-
fadens auf der rechten Warenseite, die deshalb reiner ausfällt als an
der gewöhnlichen Futterware. Bei der Herstellung wird zuerst der
Futterfaden *f*, Abb. 57b, gelegt und auf den Nadeln etwas zurückgeschoben. Dann wird der Bindefaden *b* kuliert, hierauf mit Hilfe einer
entsprechend ausgeschnittenen Musterpresse der Futterfaden über
den Bindefaden abgeschlagen. Zum Schlusse wird der Oberdeckfaden *o*
kuliert und über alle drei die Maschenköpfe *m* abgeschlagen. Aus Wolle
hergestellt und gewalkt liefert die Ware den Stoff zu Reithosen, daher
der Name Tuchware.

Die quergestreifte Ware (Ringelware). Man erhält eine quergestreifte
Ware, wenn in der mehrgängigen Grundware Fäden von verschiedener
Farbe verarbeitet werden. Ist die Ware z. B. 10gängig, so kann in dem
Raume von zehn Reihen ein Streifenmuster in allen Kombinationen
der Anzahl und Verteilung von zehn Fäden erzeugt werden. Eine Ände-

rung der Anordnung ist jedoch während der Herstellung der Ware nicht
möglich, weil die Reihenfolge der Systeme gegeben ist. Eine freiere Anordnung der Streifen ist erst auf Grund der gangweisen Herstellung
durchführbar. In dem einen Ende der Reihe (Abb. 9 b) ist nämlich
eine Stelle gegeben, wo ein Wechsel der Fäden auf einfache Weise
stattfinden kann. Die Arbeitsweise ist folgende: Die Ware bestehe aus
etwa sechs Fäden. Da die sechs Systeme am Reihenende nicht zusammen
angeordnet werden können, so verwendet man nur ein System, das
mit den sechs Fäden nacheinander arbeitet. Diese Einrichtung gestattet, daß mit einem Faden auch mehrere aufeinanderfolgende Reihen
gebildet werden (ein Stück eingängige Ware hergestellt wird) und anstatt
der Systeme die Fäden gewechselt werden können. Arbeiten mehrere
Systeme auf einer Nadelreihe in
dieser Art, so werden die Fäden dennoch an demselben Maschenstäbchen gewechselt. Es ist dann aber
ein beliebiger Wechsel auch nur
unter den Fäden desselben Systems

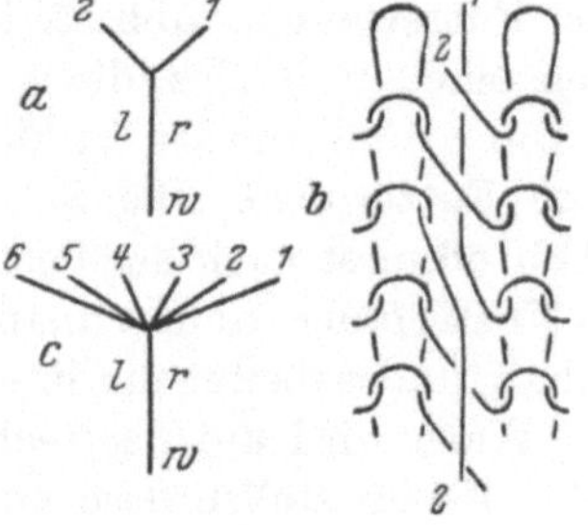

Abb. 58.   Abb. 59.

und nicht aller Fäden möglich. Bei der Herstellung der mehrgängigen
Grundware liegen die Systeme bzw. die Fäden nebeneinander, *1, 2, 3* in
Abb. 58. Aus diesem Nebeneinander wird beim Ringeln ein Hinter-
einander und diese Reihenfolge *1', 2', 3'* der Fäden bleibt für die Her-
stellung von einfachen Waren erhalten, denn eine Vertauschung der
Fäden ist im Herstellungsvorgange der Grundware nicht enthalten.

In Abb. 59 a bedeuten *r* und *l* die rechte und linke Seite der Ware *w*
und *1* und *2* die Fäden. Da beim Durchziehen der Schleife das Fadenende stets auf der linken Warenseite verbleibt, so ist das die normale
Lage des Fadens zur Ware. Wird dann die Ware aus zwei Fäden hergestellt, so muß noch die Lage der Fäden zueinander berücksichtigt
werden, indem man etwa den jeweils mitarbeitenden Faden zur Ware
rechnet. Ist nämlich der Faden *1* eingerückt, so befindet sich auch der
Faden *2* auf der linken Seite. Setzt man dagegen die Ware mit dem Faden
2 fort, so tritt der Faden *1* auf die rechte Warenseite, Abb. 59 b. Für
ein Ringeln mit sechs Fäden sind nach Abb. 59 c, wenn etwa der Faden *3*
verarbeitet wird, die Fäden *1* und *2* rechtsseitige, die Fäden *4, 5* und *6*
linksseitige. Dagegen wird der Faden *4* rechtsseitig, wenn der Faden *5*
verarbeitet wird usw. Soll der Faden seine Bedeutung behalten, so

müßte die Anordnung geändert werden, was bei der Herstellung von einfachen Waren nicht zulässig ist.

Wechselgängige Ware. Sie entsteht aus der zweigängigen Grundware, wenn die Fadengänge in entgegengesetzter Richtung gebildet werden. In den aufeinanderfolgenden Doppelreihen, Abb. 60a, ist der Fadengang der einen Reihe rechtsansteigend, der Fadengang der nächsten Reihe dagegen linksansteigend, weshalb sie sich an zwei Stellen überkreuzen müssen (Abb. 60b). Liegen die Überkreuzungen wie in der Zeichnung, zwischen denselben Maschenstäbchen, so wird die Ware in zwei gerade begrenzte Teile zerlegt. Während in der Grundware der Fadengang stetig ansteigt und nichts auf die gangweise Herstellung hindeutet, heben sich in dieser Ware die entgegengesetzten Steigungen

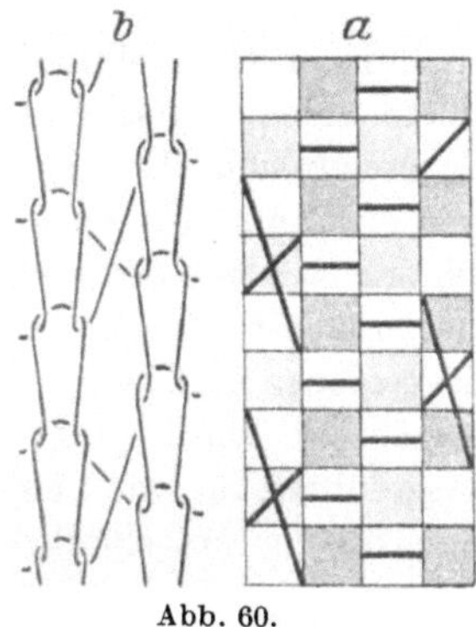

Abb. 60.

auf. Die Reihen sind in jedem der beiden Teile ohne Steigung. Die ganze Steigung befindet sich an den Überkreuzungsstellen.

Die flache Ware. Diese geht aus der wechselgängigen Ware hervor, wenn man die Überkreuzungen der Fäden durch eine Vereinigung derselben ersetzt. Die oben angeführten Teile werden dadurch getrennt und selbständig. Statt eines Warenschlauches wird einer der Teile als ein seitlich begrenztes (flaches) Warenstück hergestellt (Abb. 61). Der am Rande ansteigende Fadengang gibt allein Aufschluß über die Umkehr der Gangrichtung. Die Fadenlage ist in den Randmaschenstäbchen

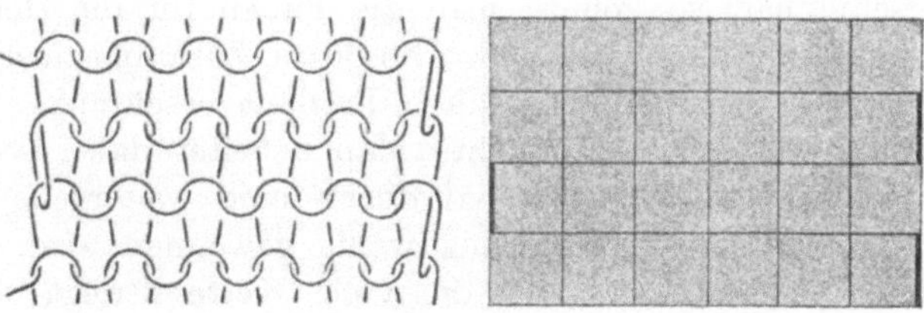

Abb. 61.

eine andere als innen. Die Reihe endet abwechselnd auf der einen Seite mit einer zweiteiligen, auf der anderen Seite mit einer dreiteiligen Randmasche.

Die Umkehr der Steigungsrichtung des Fadenganges ist das Gegenstück zur Anordnung von Rechts- und Linksmaschen durch die Stellung der Nadeln. Der Wechsel von Rechts- und Linksbindungen bedeutet jedesmal den Übergang von der einen Grundware in die andere (die negativ-gleiche, Abb. 4), wobei die Steigungsrichtung nicht geändert

wird. Bleiben dagegen die Maschen gleich und ändert man die Steigungsrichtung in die entgegengesetzte, so hat man diesen Übergang durch
den Fadengang bewerkstelligt.

Kettenwaren.

Bei der Herstellung der Kettengrundware gehört jeder Faden der
Kette einem maschenerzeugenden Systeme an (Arbeitsmethode der
Maschenreihenbildung). Die Anordnung der Systeme kann geändert
werden, denn die Zusammenfassung aller Lochnadeln auf einer Legschiene ist keine notwendige Bedingung für das Kettenwirken. Sie wird
am einfachsten verändert, wenn man die Fäden nach Abb. 62a in zwei
Legschienen $L_1 L_2$ einzieht und die eine Legschiene etwa wie in Abb. 62b
verschiebt. Die Legung auf die Nadeln wird dann mit beiden gemeinsam
ausgeführt. So wie etwa das Fangen der Schleifen durch die Nadeln
ein Teil der Maschenbildung ist, ist auch diese Verschiebung in der

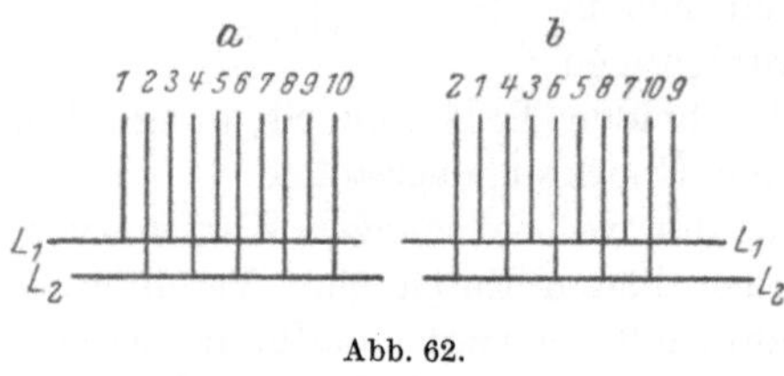

Abb. 62.

gesamten Legungsbewegung
enthalten. Das Verwechseln
der Kettenfäden ist eine ordentliche Arbeitsweise und, obwohl
die Fadenlage durch dieselbe bedeutend verändert werden
kann, so sind die entstehenden
Waren immer noch zu den ein-
fachen zu rechnen. Durch die Zerlegung der Kette in drei, vier usw.
Gruppen von Fäden lassen sich dieselben noch leichter verschieden
anreihen. Wäre schließlich jede Lochnadel unabhängig von den anderen
seitlich verschiebbar, so könnte man die Fäden für die Herstellung
jeder Reihe ganz beliebig anordnen. Durch die Zusammenfassung derselben in den Legschienen wird diese Freiheit beschränkt, dagegen
der Herstellungsvorgang vereinfacht. Man arbeitet daher selten mit
mehr als sechs Legschienen, zumal durch eine weitergehende Zerlegung der Kette für die Musterung wenig gewonnen wird. Andrerseits werden, in je mehr Ketten die volle Kette zerlegt wird, um
so weniger Fäden auf jede einzelne Legschiene entfallen und man
kann die Anzahl der Fäden ohne weiteres vergrößern. Jede Legschiene kann die volle Anzahl von Lochnadeln erhalten, und sie liegen
wie die Fadenführer zum Ringeln hintereinander. Diese Einrichtung
gestattet, die Fäden in den einzelnen Legschienen verschieden zu verteilen. Die Verteilung nennt man den Einzug und unterscheidet den
vollen, den halben usw. und den unregelmäßigen Einzug. Außer dem
Einzuge in die einzelnen Legschienen ist noch der Gesamteinzug zu
beachten, denn bei einer größeren Anzahl der Fäden finden auch zwei
und mehr Legungen auf die Nadel statt oder es kann vorkommen,

daß einzelne Nadeln keinen Faden erhalten würden, was zu vermeiden sein wird.

Diese neue Arbeitsbewegung kennzeichnet den Herstellungsvorgang der Kettenmusterwaren im allgemeinen, denn alle anderen Arbeitsweisen sind schon aus der Erzeugung der Kulierwaren bekannt.

Die Verschiebung der Legschienen zwecks Änderung der Anordnung der Fäden ist eine Einstellbewegung und wird deshalb unter den Nadeln ausgeführt. Da auch die Fäden mitgenommen werden, so ist sie nicht nur das. Es verändert sich auch die Fadenlage.

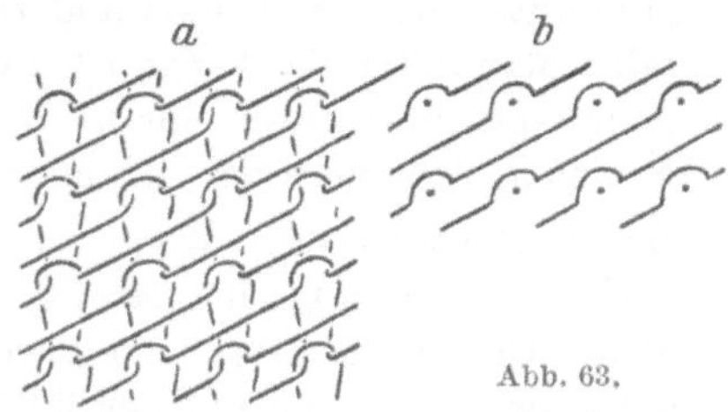

Abb. 63.

Durch die Legung unter den Nadeln erhält man — wie durch das Abstellen der Nadeln — die Fadenlage der hinterlegten Ware. Diese Bedeutung der Legung unter den Nadeln ist aus Abb. 63a (beim Vergleiche mit Abb. 34) sofort zu erkennen. Die Ware ist nächst der Kettengrundware die einfachste Kettenware. Sie wird mit einer voll eingezogenen Legschiene durch die Legungen unter eins, über eins in derselben Richtung fort, hergestellt.

In Abb. 63b sind die Legungen allein dargestellt. Die Skizze der Legungen genügt, wenn die Arbeitsweise im wesentlichen durch die Bewegungen der Legschienen bestimmt wird (Einstellbewegung), doch ist sie keine vollständige Fachzeichnung, weil die Arbeitsweise der Nadeln fehlt.

Bei einem Gangwechsel müssen die Legungen in derselben Richtung mindestens zwei Teilungen umfassen, damit die Art des Zusammenhanges bestehen bleibt, denn Legungen über eine Nadel liefern bloß nicht zusammenhängende Maschenstäbchen, Abb. 64a.

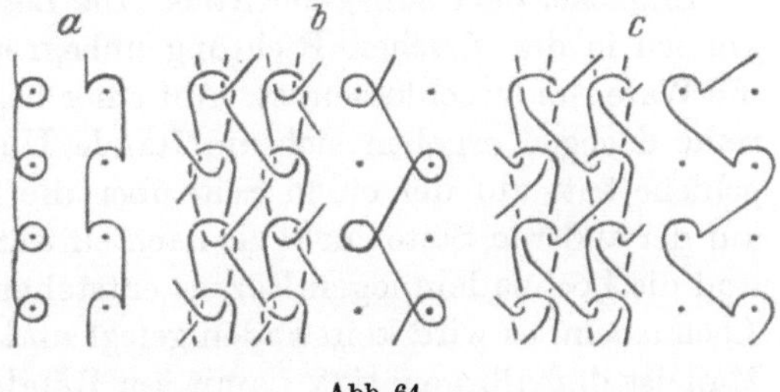

Abb. 64.

Die Umkehr des Fadenganges ist daher immer mit einer Legung unter den Nadeln verbunden, anderenfalles fehlt der seitliche Zusammenhang, und es bilden sich Öffnungen in der Ware. Erfolgt die der Legung auf die Nadeln folgende Legung unter den Nadeln in der entgegengesetzten Richtung, so entsteht eine gekreuzte Masche (Twistmaschen, Abb. 64b), sonst haben die Maschen die gewöhnliche Form (offene Maschen, Abb. 64c).

Der halbeinfache Trikot, Abb. 65 (Mailänder). Bei halbem Einzuge legt die Legschiene unter zwei über eins nach rechts und unter zwei über eins nach links usw. In der Skizze der Legungen, Abb. 65b, ist nur die Bewegung der Legschiene angegeben, in der Fachzeichnung Abb. 65c ist die gesamte Fadenlage, bestehend aus Bindungen und Fadengang enthalten. Seltener wird diese Ware mit vollem Einzuge und der Legung unter eins, über eins und zurück gearbeitet, weil sie zu dicht ausfällt. Man führt die Ware auch mit offenen Maschen aus. Die Legung ist nach Abb. 65d unter eins nach rechts, über eins nach links, dann unter eins nach links, über eins nach rechts usw.

Das Kettentuch. Die Ware wird mit der Legung unter zwei, über eins wie der Mailänder hergestellt, die Legschiene ist jedoch voll eingezogen. Durch die Legungen unter den Nadeln wird der Fadenverbrauch größer, und die auf der linken Warenseite freiliegenden Fäden liefern eine lockere Schichte, weshalb die Ware sich gut walken läßt.

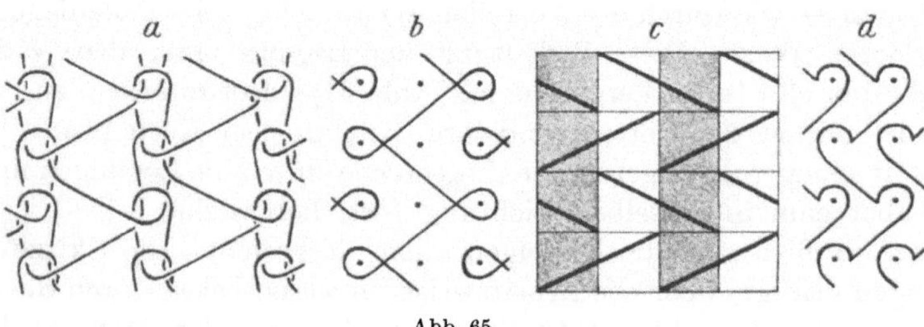

Abb. 65.

Einfacher oder einlegiger Atlas. Die Legungen der Kettengrundware können in der gleichen Richtung unbegrenzt fortgesetzt werden, weil die Ware rundgeschlossen ist. Auf einer begrenzten oder flachen Nadelreihe dagegen ergeben sich am Rande Unregelmäßigkeiten. Die Legschiene tritt auf der einen Seite über die Stuhlnadelreihe heraus, und auf der anderen Seite rückt sie nach einwärts. Hier fehlen Stuhlnadeln und die Lochnadeln legen leer, es entstehen keine Maschen, dort fehlen Lochnadeln, es wird kein Faden gelegt und die Maschenköpfe fallen ab. Man ist deshalb genötigt, damit am Rande kein zu breites Stück verloren geht, die Legungsrichtung schon nach einigen Reihen zu ändern, Abb. 66. Der Atlas ist vier-, fünf-, sechs- usw. reihig, wenn die Legrichtung nach *4, 5, 6* usw. Reihen geändert wurde. Die Ware ist quergestreift, denn die Fadenlage ändert sich durch den Gangwechsel. Die Atlasreihen bestehen in Abb. 66a aus offenen, die Umkehrreihen aus Kreuzmaschen. Die Ware ist wegen der einfachen Fadenlage sehr dünn. Man verstärkt sie durch Legungen unter den Nadeln nach Abb. 66b und nennt diese Neumilaneseware. Die Legschiene hat vollen Einzug und legt unter eins, über eins fort. Am falschen Atlas bestehen die Atlasreihen aus Kreuzmaschen und die Umkehrreihe aus offenen oder auch aus Kreuzmaschen. Abb. 66c ist die Skizze der Legungen. Durch den Einzug von Fäden verschiedener Farbe erhält man eine Ware mit Zickzackmuster.

Legungen auf zwei gegenüberliegende Nadelreihen. Bei der Herstellung von Rechts- und Rechtskettenware werden die Rechts- und

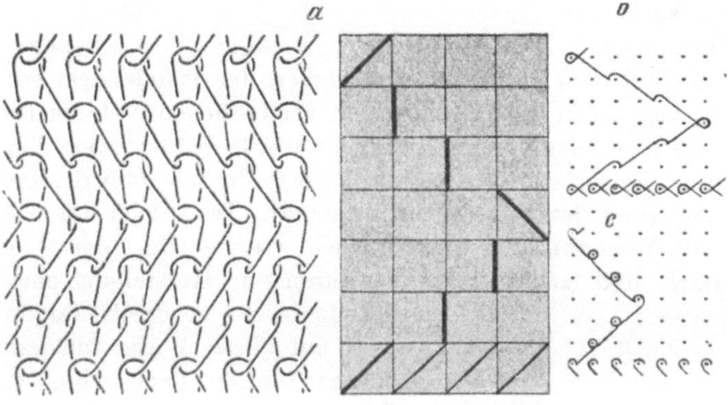

Abb. 66.

die Linksmaschenreihen, wie es in der Arbeitsmethode begründet ist, abwechselnd gebildet und demnach auch die Legungen nacheinander ausgeführt. Die Legschiene legt über und unter die Nadeln zuerst auf der einen (vorderen) Nadelreihe, Abb. 67a, worauf diese nach abwärts bewegt wird und die Maschen ausarbeitet. Dann wird die Kette auf die andere (rückwärtige) Na-delreihe gelegt und durch Senken der Nadeln diese Maschen hergestellt. Die Arbeitsweise ist ähnlich dem Links- und Linksstricken, einerseits durch den Faden-gang, andrerseits weil die Nadeln nicht zwischenein-ander, sondern hintereinan-der liegen. Doch werden die Maschen des Stäbchens stets von derselben Nadel erzeugt.

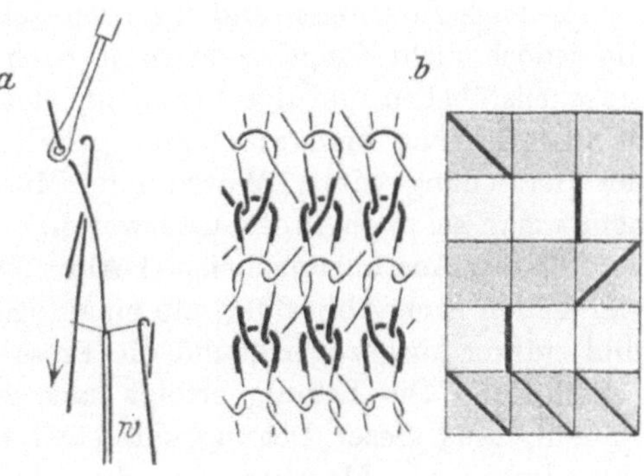

Abb. 67.

Eine Links- und Linkskettenware (Doppelzungennadel) wird nicht hergestellt. In Abb. 67b ist eine einfache Ware mit Atlaslegung gezeichnet. Die Legschiene legt einen zweireihigen Atlas bei vollem Einzuge. Da in der Ware die Rechtsmaschen über den Linksmaschen liegen, so fällt die bildliche Darstellung unklar aus. Es wurden deshalb in der Zeichnung die Linien teilweise unterbrochen und nur die Bindungen gezeichnet. Man hat sich somit die Enden der starken Linien (Rechtsmaschen) und der schwächeren Linien (Linksmaschen) durch gerade Stücke verbunden zu denken. Die Ware hat Ähnlichkeit mit der glatten Rechts- und Rechtsware, doch ist sie nicht so elsatisch, dazu ist die Fadenlage zu ungleichmäßig und es sind vor allem die schiefen Platinenmaschen zu lang.

Kettenananas. Das Abfallen der Randmaschen bei Legungen in derselben Richtung kann durch Abstellen der Randnadeln verhindert werden. Legt dann die Legschiene in der entgegengesetzten Richtung, so können dieselben wieder eingerückt werden. Zu diesem Zwecke ist bei Verwendung der Hakennadel nur erforderlich, daß die Presse die Seitenbewegung der Legschiene mitmacht. Da jedoch durch das Abstellen die Warenbildung unterbrochen wird, so liegt der Rand nicht mehr flach, und es ist dieses Verfahren zur Herstellung eines guten Randes nicht geeignet. Dagegen läßt sich auf diese Weise mustern. Die Fäden werden nach Abb. 68 in die Legschienen gruppenweise eingezogen. Durch die Mitbewegung einer entsprechend ausgeschnittenen Musterpresse P entsteht eine Anzahl von nebeneinander liegenden, schmalen Warenstücken mit Rand. Greifen die

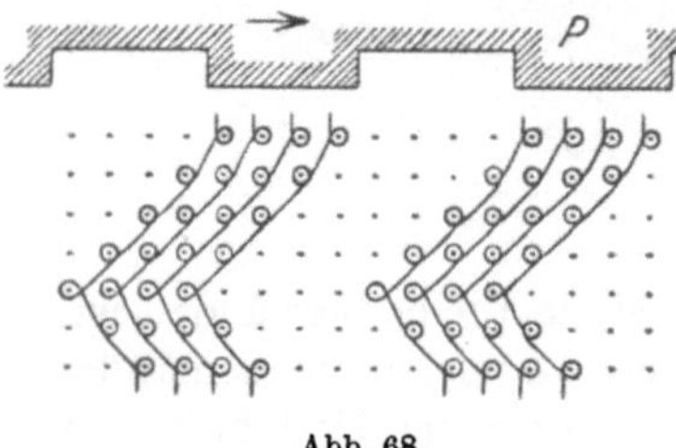

Abb. 68.

Zickzacklegungen der Fadengruppen ineinander über, so hängen die Stücke auch zusammen und ergänzen sich zu einer geschlossenen Ware, die jedoch nicht flach, sondern je nach der verschiedenen Länge der Maschenstäbchen und der Verteilung der Fäden bzw. dem Wechsel in der Legrichtung eine mannigfache Faltung aufweisen wird. Weil bei der Herstellung dieser Waren eine Musterpresse verwendet wird, so nennt man sie auch Preßmusterwaren.

Für das Ausführungsbeispiel Abb. 69 sind in die Legschiene L je vier Fäden nach Abb. 69a halb eingezogen (die Lochnadeln mit Faden sind stärker ausgezogen), und die Presse P ist über acht Nadeln ausgeschnitten. Die Legung erfolgt nach Abb. 69b jedesmal über zwei Nadeln. Aus dieser Legung entstehen beim Abschlagen zwei nebeneinanderliegende Maschen aus demselben Fadenstück, und man erhält eigentlich eine Kulierkettenware. Mit solchen Legungen wird immer ein bestimmter Zweck verfolgt. Die Maschenköpfe auf den abgestellten Nadeln fallen, da sie fast die ganze Belastung zu tragen haben, länger aus, wozu die andern Maschen den Faden liefern müssen. Sie dürfen jedoch nicht zu lang werden, weil sonst die Zugwirkung verloren geht. Aus der Legung über zwei Nadeln können aber nur sehr kurze Maschen, die Faden nicht abgeben, entstehen, weshalb die Ware geschlossener wird und die Faltungen stärker hervortreten.

Für die Ausführung von Buntmustern in der Art wie an den Kulierwaren, ist der schiefe und wechselnde Fadengang der Kettenwaren ungünstig, und es ist auch nicht möglich, aus Legungen mit einer Leg-

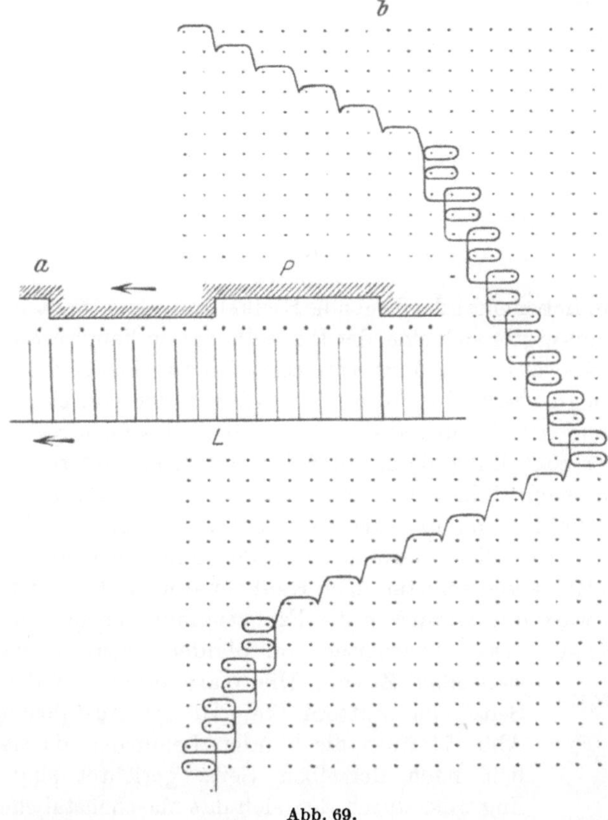

Abb. 69.

schiene auf einer oder auf zwei Nadelreihen eine hinreichend geschlossene Ware zu erzeugen.

Der Doppelstoff. Zur Herstellung desselben legt die voll eingezogene Legschiene nach Abb. 70a über zwei nach rechts unter eins nach links, über zwei nach links unter eins nach rechts usw. Durch die Legung über zwei Nadeln kommen zwei Maschenköpfe auf jede Nadel. Sie plattieren sich, wodurch die Ware verstärkt wird. Wegen der beiden nebeneinander liegenden Maschen kann man auch mit halbem Einzuge arbeiten, wodurch die Plattierung entfällt, die Fadengänge aber noch zusammenhängen. Die Ware Abb. 70b ist dort, wo in der Reihe die

Seitenverbindung durch die Platinenmasche fehlt, durchbrochen. Eine Ware dieser Art heißt Filetware.

Preßmusterwaren. Da sich jeweils die Enden der Fadengänge auf den Nadeln befinden, so kann man mehrere oder alle Legungen der Kette für eine Reihe als Henkel verarbeiten, während an der Kulier-

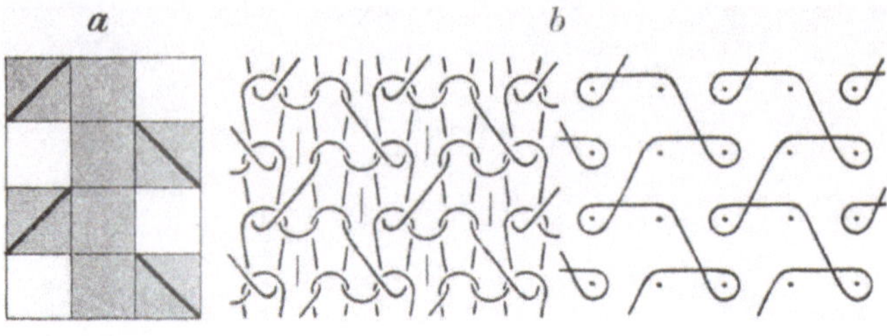

Abb. 70.

ware mehrere nebeneinander liegende Henkel nur einen breiten Henkel bilden. Hieraus ergibt sich eine, der Herstellung von Fangware ähnliche, einfache Arbeitsweise (ohne Musterpresse) selbst auf einer einzigen Nadelreihe. Das englische Leder, Abb. 71, wird mit der voll eingezogenen Legschiene und den Legungen unter zwei über eins nach rechts, unter zwei über eins nach links, dann unter drei über eins nach rechts, unter drei über eins nach links usw. hergestellt, wobei die Legungen auf die Nadeln nach links nicht ausgearbeitet werden, indem z. B. die Presse nicht gesenkt wird. Diese Legungen werden blinde Legungen genannt. Sie sind eine Reihe von selbständigen Henkeln ähnlich dem Futterfaden in der Futterware und werden in der Fachzeichnung ebenso mit gelber Farbe bezeichnet. Das Einarbeiten von blinden Legungen hat auch

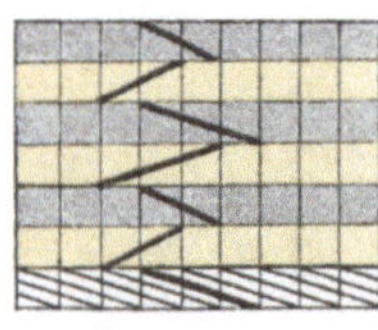

Abb. 71.

denselben Zweck. Die Ware erhält auf der linken Seite eine Futterdecke. In der Ausführung nach Abb. 71 üben die blinden Legungen, da sie sämtlich nach derselben Seite gerichtet sind, einen Zug aus, durch den sich das Maschenstäbchen nach links neigt. Die Ware heißt deshalb schiefes englisches Leder.

Farbenmuster lassen sich nicht in der Art wie an der Kulierware herstellen. Infolge der schiefen Lage der Fadengänge werden die Mustermaschen in der Gesamtheit auch schräg angeordnet sein und beim Wechsel der Gangrichtung wird diese Anordnung gestört, weil die Gänge dann doch wieder anders aufeinander folgen. Etwas günstiger liegen die Verhältnisse für eine Oberflächenmusterung.

Die Kettenwaren werden meist mit zwei oder mehreren Legschienen hergestellt, wodurch es erst möglich ist, beim Übergange von einer Reihe in die nächste die Anordnung der Fäden zu ändern. Die Fadenlage ist dann dadurch gekennzeichnet, daß die Fadengänge sich überkreuzen. Auch in der wechselgängigen Ware, Abb. 60, tritt eine solche Überkreuzung auf, in der Kettenware können sich jedoch beliebige Fadengänge überkreuzen. Ferner werden bei Vorhandensein von mehreren Legschienen die vom Ringeln her (Abb. 59) bekannten Veränderungen in der Fadenlage zweckmäßig ausgenützt.

Die Legschienen L_1 und L_2, Abb. 72a, halten die Fäden, wenn sie sich oberhalb der Nadeln befinden, in der gleichen Lage wie die Fadenführer F_1 und F_2 die Fäden beim Kulierwirken. Demnach wäre die obere als die rechte, die untere als die linke Legschiene zu bezeichnen und der obere Faden o sollte, nachdem die Seitenbewegung ausgeführt wurde, hinter dem unteren Faden u auf die Nadeln gelangen. Diese normale Lage wird beim Senken der Legschienen jedoch geändert. Die Fäden der unteren Legschiene treffen nämlich etwa bei A zuerst auf die Nadeln. Beim weiteren Sinken der Legschienen wandert die Berührungsstelle nach rechts weiter, denn der gespannte Faden sucht sich auf der Nadel den

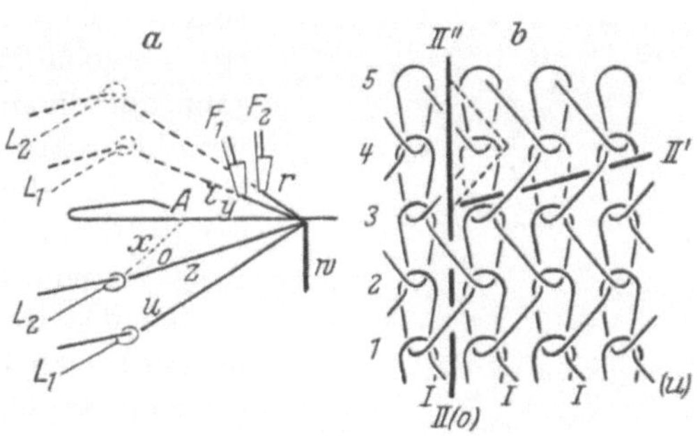

Abb. 72.

kürzesten Weg und im Dreiecke xyz ist $x+y$ stets größer als z. Da die Fäden der oberen Legschiene die Nadeln auch bei A treffen, so liegen sie jetzt vor den unteren. Sie haben ihre Lage geändert. Der untere Faden befindet sich auf jeder Nadel hinter dem oberen, und die Maschenköpfe aus den Fäden der unteren (linken) Legschiene, die auf die linke Warenseite kommen sollten, gelangen auf die rechte.

Bei den Legungen unter den Nadeln behalten die Fäden, da der oben angeführte Wechsel durch die Nadel bewirkt wird, die normale Lage zueinander, doch läßt sich auch diese ändern. Nach Abb. 72b sind die Fäden I bez. (u) in die untere Legschiene L_1, der Faden II bzw. (o) in die obere Legschiene L_2 eingezogen. Die untere, voll eingezogene Legschiene legt unter eins über eins und zurück. Während der Herstellung der Reihen $1, 2, 3$ hat L_2 keine Legung auf die Nadeln ausgeführt. Der Faden bleibt daher auf der rechten Warenseite. Zu Beginn der vierten Reihe führe sie eine Legung nach II' aus, wodurch die beiden Legungen unter den Nadeln oder, wie man auch sagt, die Platinenmaschen sich überkreuzen, die Lage zueinander aber behalten. Der Faden II' liegt immer noch hinter den anderen Fäden, also rechts.

Da aber diese Legung unterhalb der Nadeln und vor den Maschenköpfen stattfindet, so ist er nach der Ausbildung der vierten Reihe zwischen die Maschenköpfe und die Platinenmaschen des Fadens *I* eingeschlossen worden. Normalerweise sollten Maschenköpfe, die aus *II* hergestellt werden, vor den Maschenköpfen von *I* liegen, infolge des vorher angegebenen Wechsels werden aber auch diese sich zwischen den Maschenköpfen und den Platinenmaschen des Fadens *I* befinden. Man sagt daher, die Fäden der unteren Legschiene überdecken die Fäden der oberen Legschiene auf beiden Seiten. Die Bewegung unter den Nadeln kann in derselben Richtung oder in verschiedenen Richtungen stattfinden. Nur dürfen beide Schienen nicht gleich bewegt werden, weil dann keine Überkreuzung auftritt. In dieser durch die strichlierte Linie in Abb. 72 b angedeuteten Lage wird der Faden *II″* von den Pla-

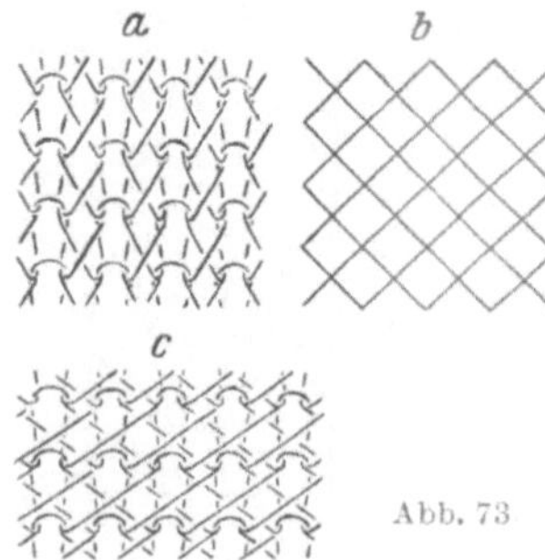

Abb. 73

tinenmaschen nicht eingebunden, und da er auch keine Maschen bildet, so gelangt er ganz auf die linke Warenseite, also auch vor die Platinenmaschen des Fadens *I*. Der Faden der oberen Legschiene ist in der dritten Reihe von der rechten auf die linke Warenseite durchzogen worden.

Bei der Herstellung von Kettenwaren mit mehreren Legschienen sind die Ketten getrennt zu bäumen, wenn die Legungen verschieden sind.

Der Milanesestoff. Werden auf einer rundgeschlossenen Nadelreihe zwei Kettengrundwaren von verschiedener Richtung der Gänge zugleich hergestellt, so erhält man die einfachste Ware aus zwei Ketten. Das sind nach Abb. 73 a zwei Atlasse ohne Umkehrreihe. Auf einer flachen Nadelreihe läßt sich ein Atlas ohne Umkehr der Fadengänge nicht herstellen. Man verlegt daher den Gangwechsel auf die Randnadel und erhält eine Ware, die außer in den beiden Randmaschenstäbchen auch nur aus offenen Maschen besteht. Die Fadengänge verlaufen dann nach Abb. 73 b wie an einer einfachen Kettengrundware, wenn man sich den Schlauch bis zum Zusammenfallen der Flächen gefaltet denkt. Diese Ware besteht demnach aus nur einer Kette. Die Gänge kehren am Rande um, und die Maschen der beiden Hälften des Schlauches werden in jeder Reihe gemeinsam abgebunden. Obwohl der größte Teil der Ware die gleiche Fadenlage aufweist wie die Doppelgrundware, so ist sie doch in der Gesamtheit gänzlich verschieden und auch mit zwei Legschienen bzw. Ketten nicht herstellbar. Denn wenn auch für eine Reihe die Hälfte der Fäden nach rechts und die andere Hälfte nach links gelegt wird, müssen doch für die nächste Reihe die Randfäden von der einen Kette in die andere überführt werden, weshalb selbst der Begriff Kette, d. i. eines Systems von Fäden, mit welchen die gleichen Legungen ausgeführt werden, nicht besteht. Man muß die Fäden einzeln bewegen können, was bei Verwendung einer Legschiene nicht möglich ist.

Einen stärkeren Milanesestoff erhält man aus Legungen unter eins über eins nach Abb. 73c. Infolge der Legungen unter den Nadeln wird der Fadenverbrauch größer.

Trikotwaren. Darunter versteht man Waren, die auf einer Nadelreihe durch entgegengesetzt gleiche, einfache Legungen mit zwei Legschienen hergestellt werden. Für den einfachen Trikot ist die Legung

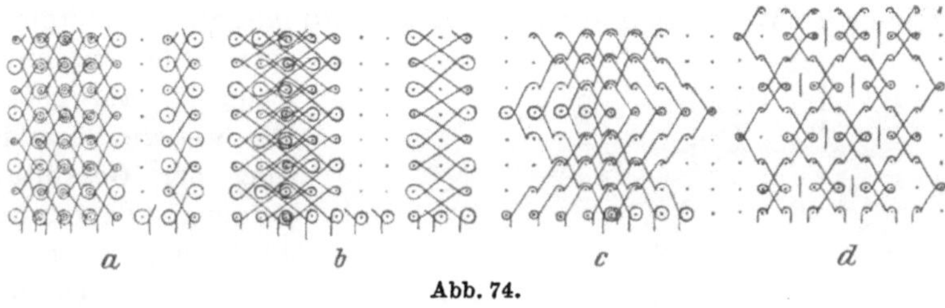

a   b   c   d

Abb. 74.

nach Abb. 74a unter eins über eins und zurück, für den Doppeltrikot nach Abb. 74b unter zwei über eins und zurück (Kettentuchlegung) und für den Atlastrikot legen sie nach Abb. 74c einen Atlas mit Umkehrreihe. Die Legschienen sind voll eingezogen. Der Atlastrikot liefert mit halbem Einzuge, nach Abb. 74d eine durchbrochene Ware, die man den gewöhnlichen Filet oder Erbsenfilet nennt. Bemerkenswert ist, daß an den Trikotwaren die Maschenköpfe gerade gerichtet sind, denn der Zug der schiefen Platinenmaschen, der sonst eine Neigung der Maschenköpfe verursacht, hebt sich infolge der entgegengesetzten Legungen auf. Die Waren haben deshalb eine sehr gleichmäßige Oberfläche.

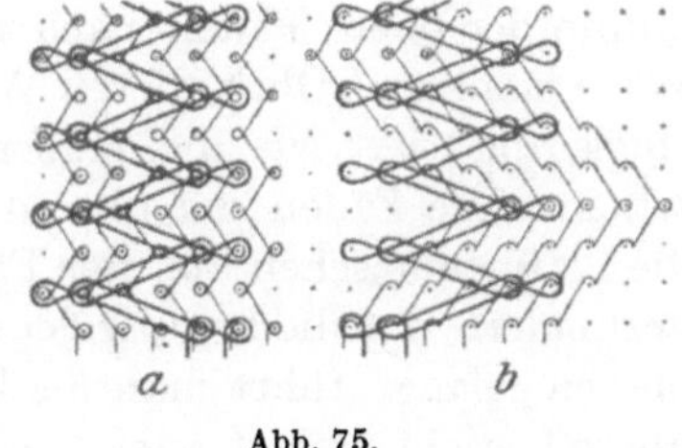

a   b

Abb. 75.

Samte. Die obere Legschiene führt eine Grundlegung, die untere Legschiene die Samtlegung aus. Für den gewöhnlichen Samt ist die Grundlegung nach Abb. 75a unter eins über eins und zurück, für den Seidensamt, Abb. 75b, ist sie eine Atlaslegung. Die Samtlegung ist in beiden Fällen unter vier über eins und zurück. Beide Legschienen sind voll eingezogen.

Die der Kettenware eigentümliche und daher einfachste Musterung besteht in dem Hervorheben der Fadengänge, sei es durch die Farbe und Stärke der Fäden oder die Verteilung derselben. In Abb. 76a sind die Legungen für eine einfache Musterware angegeben. Von den erforderlichen drei Legschienen legt die voll eingezogene oberste unter eins über eins und zurück. Sie heißt Grundschiene, weil durch ihre Legungen eine überall zusammenhängende, dichte Ware entsteht. Die beiden anderen sind die Musterschienen. An denselben ist in jede sechste Lochnadel ein Faden eingezogen, und die von ihnen gelegten Fadengänge ergeben auf dem Grund das Muster. An Waren, die mit mehreren Legschienen hergestellt werden, ist besonders dann, wenn dieselben nicht voll eingezogen sind, auch die Gesamtanordnung zu beachten. Dieselbe ändert sich im allgemeinen in jeder Reihe. Für die Herstellung der Ware genügt es, die Gesamtanordnung zu Beginn irgend-

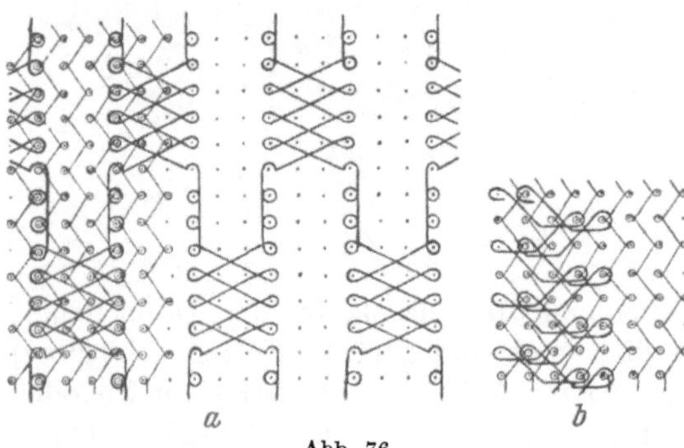

Abb. 76.

einer Reihe (Ausgangsstellung) anzugeben. Die weitere Veränderung der Gesamtanordnung ist dann durch die Legungen der einzelnen Legschienen vollständig bestimmt. **Plattierte Ware.** Bei den Legungen mit zwei Legschienen gelangen wie bekannt (72 a) die Maschenköpfe aus den Fäden der unteren Legschiene auf die rechte Seite der Ware. Sie haben mit den Maschenköpfen der Fäden der oberen Legschiene die Lage gewechselt, denn würden sie sich nicht zuerst auf die Nadeln legen, so müßte der obere Faden nach rückwärts und auf die rechte Seite der Ware kommen. Ohne diesen Wechsel der Maschenköpfe wäre die Ware ebenso plattiert wie die Kulierware. Auf der rechten Warenseite erscheinen die Fäden der oberen Legschiene, auf der linken Warenseite die Platinenmaschen aus den Fäden der unteren Legschiene. Um nun zu verhindern, daß die Legung der unteren Legschiene hinter die Legung der oberen gelangt, führt man die beiden Legungen nacheinander aus. Die obere Legschiene legt zuerst, u. z. nach Abb. 76 b, unter eins über eins unter zwei usw. Bei der gewöhnlichen Arbeitsweise würde sie nur unter drei über eins und zurück legen. Es wird also ein Teil der Legung unter den Nadeln für die nächste Reihe schon vorher ausgeführt zu dem Zwecke, den Faden um die Nadel herumzuwickeln. Wird hierauf mit der unteren Legschiene gelegt (unter eins über eins), so können diese Fäden auf den Nadeln nicht mehr hinter die anderen gleiten und die Maschenköpfe behalten die normale Lage zueinander. Man erhält auf diese

Weise eine noch reinere Plattierung als sie an der Kulierware zu erreichen ist, während der Wechsel der Maschenköpfe durch die Nadel niemals eine vollständige Überdeckung liefert.

Filetstoffe. Legungen für durchbrochene Stoffe wurden schon in Abb. 70b und 74d angegeben. Die Öffnungen kommen nicht durch eine besondere Legung, sondern nur dadurch zustande, daß die Seitenverbindung der Maschenstäbchen stellenweise mangelhaft ist, weshalb die nebeneinander befindlichen Maschenköpfe sich nicht dicht aneinander legen. Bei den echten Filetwaren werden die Öffnungen durch Legungen auf dieselben Nadeln (Stäbchenlegungen) erhalten. Es ergeben sich auf diese Weise größere, besser begrenzte Öffnungen und die Ware kann auch gemustert werden. Der große Filet wird mit zwei halbeingezogenen Legschienen hergestellt. Nach Abb. 77 befinden sich die Fäden der

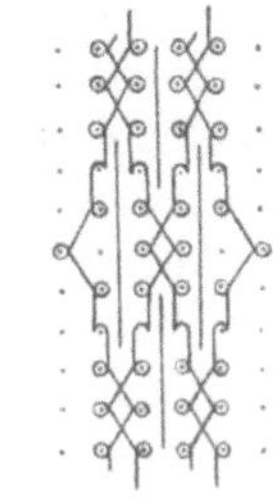

Abb. 77.

beiden Legschienen in der Ausgangsstellung (für die erste Reihe) zwischen denselben Nadeln und werden einmal unter eins über eins und zurück, dann auf dieselben Nadeln zu Stäbchen, und schließlich wieder unter eins über eins und zurück, jedoch diesmal in entgegengesetzter Richtung gelegt. Für gemusterte Filetstoffe bildet man gewöhnlich Stäbchen über zwei Nadeln aus. Die Fadenlage einer Ware dieser Art entsteht nach Abb. 78 folgendermaßen. Beide Legschienen sind halb eingezogen und legen für den dichten Stoff entgegengesetzt gleich unter eins über eins und zurück. Dadurch entstehen von jeder einzelnen Legschiene die in Abb. 78a gezeichneten Doppelstäbchen, wenn für die aufeinander folgenden Reihen auch noch abwechselnd jede zweite Nadel abgestellt wird. Diese Arbeitsweise, die in der Fachzeichnung Abb. 78b durch die versetzten grauen Bindungsvierecke zum Ausdrucke kommt, wird einfach dadurch ermöglicht, daß die volle Nadelreihe

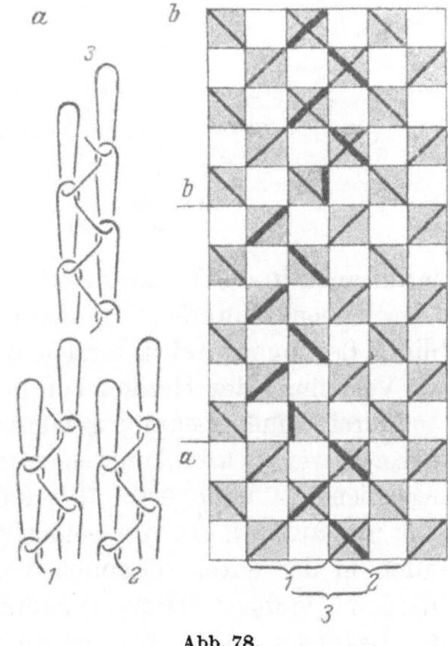

Abb. 78.

in zwei Nadelreihen zerlegt wird, die abwechselnd gesenkt und so ausgerückt werden. Die eingerückten Nadeln erhalten Legungen von beiden Legschienen zugleich in entgegengesetzter Richtung und bilden Doppelmaschen aus. Die Stäbchen (*3*) von der einen Legschiene liegen um eine Teilung versetzt über den Stäbchen (*1* und *2*) von der anderen Legschiene, wodurch der Zusammenhang aller Stäbchen untereinander herbeigeführt wird. Um nun in dieser geschlossenen Warenfläche Öffnungen zu erhalten, braucht man die Doppelstäbchen nur stellenweise zusammenfallen zu lassen. In Abb. 78b ist dieser Vorgang für ein Stäbchen, dessen Fadengang stark ausgezogen ist, dargestellt. Die betreffende Lochnadel der einen Legschiene legt in der Breite *a—b* von sechs Reihen gemeinsam mit der anderen. Das gleiche kann an verschiedenen Stellen und über eine verschiedene Anzahl von Reihen ausgeführt werden.

Krepp- oder Ausrückmuster. Sie werden auf zwei Nadelreihen hergestellt. Eine Legschiene legt auf der rückwärtigen Nadelreihe den

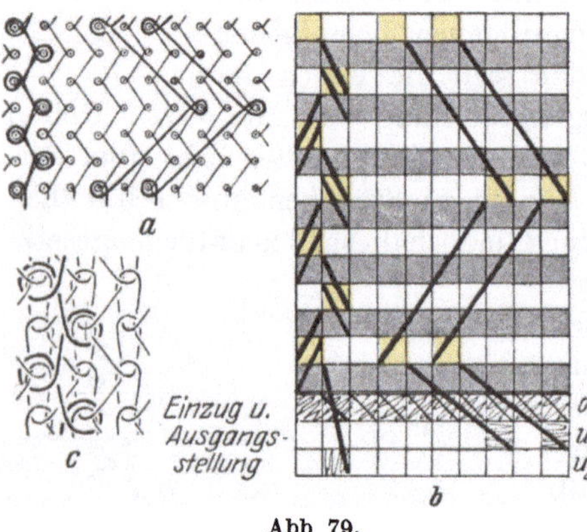

Abb 79.

Grund, etwa unter eins über eins und zurück und eine zweite führt die Musterlegungen auf beiden Nadelreihen aus. Die rückwärtige Nadelreihe wird zeitweilig abgestellt.

Es entspricht der Herstellung der Kettenware mit Legschienen, daß am einfachsten alle Fäden der Legschiene zugleich als Henkel verarbeitet werden. Je mehr Legschienen vorhanden sind, um so weniger ist man in der Anordnung der Fadengänge beschränkt und damit auch in der Verteilung der Henkel. Diese an die Wirkungsweise der Legschienen gebundene Henkelmusterung nennt man Musterung durch blinde Legungen und unterscheidet sie von der Preßmusterung, bei der die Verteilung der Henkel von der Presse allein abhängig ist.

Durch blinde Legung gemusterte Waren. Die Art der Herstellung dieser Waren sei an folgenden einfachen Beispielen erläutert. Die Grundlegschiene ist nach Abb. 79b voll eingezogen und legt unter eins über eins und zurück. In die beiden unteren Legschienen sind die Musterfäden in der entsprechenden Verteilung eingezogen, aus welchen die blinden Legungen (Henkel) gebildet werden. Besser als aus der Skizze der Legungen, Abb. 79a, ist der Einzug und die Arbeitsweise aus der Fachzeichnung Abb. 79b zu entnehmen. Danach legt zuerst die Grundschiene *o*, und es werden deren Legungen zu Maschen ausgebildet. Hierauf legen die Musterschienen u_1 und u_2 die Fäden auf die einzelnen Nadeln. Diese Reihe wird nicht ausgearbeitet (die Presse nicht gesenkt und nicht abgeschlagen), sondern die Schleifen gleich wieder eingeschlossen, weshalb sich die Henkel zu den Maschenköpfen der soeben ausgebildeten Reihe gesellen (siehe Abb. 79c). Darauf folgt wieder eine Maschenreihe aus den Fäden der oberen Legschiene usw. Die Fäden für die blinden Legungen sind in untere Legschienen eingezogen, damit die gestreckten Fadenstücke auf der linken Warenseite obenauf liegen und dort das Muster liefern.

Auf einer Zungennadelreihe sind die blinden Legungen in einer ganz besonderen Art auszuführen. Da die Nadeln zum Einschließen bloß gehoben werden und keine Platinen vorhanden sind, deren Schnäbel die Legungen erfassen und hinter die Zungen schaffen könnten, so wird an Stelle dieser zwischen den Legschienen L_1 und L_2 das Schlagblech F, Abb. 80a, angeordnet, welches nach Ausführung der Legung abwärts bewegt wird und die von der Legschiene L_2 gelegten Fäden f_2 hinter

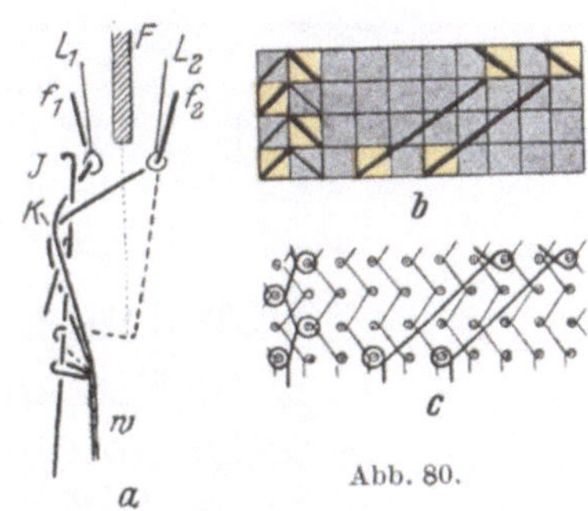

Abb. 80.

die Zungen schiebt. Das Schlagblech ersetzt jedoch die Platinen nicht vollständig, denn die Schleifen werden unten nicht festgehalten und würden daher bei der darauffolgenden Legung des Grundfadens f_1 der Legschiene L_1 von den Nadeln abgehoben und wieder in den Hakenraum gelegt werden. Das Besondere dieser Arbeitsweise besteht nun darin, daß man die nächstfolgende Legung für den Grund mit der blinden Legung zugleich ausführt. Es ist dann nicht mehr notwendig, die Legschienen nochmals durch die Nadeln zu bewegen und die blinde Legung wird sofort zusammen mit dem Maschenkopf über die neue Grundlegung abgeschlagen. Man führt also zwei sonst aufeinander folgende Legungen gleichzeitig, d. i. gemeinsam wie eine gewöhnliche Legung mit zwei Legschienen aus, und das Schlagblech sondert dieselben nachträglich, indem es die eine als blinde Legung zum Maschenkopfe schiebt, wodurch diese erst zu einer der anderen vorangehenden Legung wird. In der Fachzeichnung Abb. 80b bedeutet deshalb das Übereinanderzeichnen der blinden Legungen und der folgenden Grundlegungen hier tatsächlich gemeinsame Legungen. Ebenso ist in der Skizze der Legungen, Abb. 80c, die Grundlegung, die mit der blinden Legung um denselben Punkt gezeichnet ist, die nachfolgende, was allerdings aus Abb. 80c nicht entnommen werden kann.

Zu dieser Arbeitsweise ist noch folgendes zu bemerken. Die Legschiene, in welche die Fäden für die blinden Legungen eingezogen sind, muß eine vordere (linke) sein. Ferner müssen die beiden gemeinsam ausgeführten Legungen auf die Nadeln entgegengesetzt stattfinden.

Ist beides der Fall, so bildet sich das in Abb. 80 a gezeichnete Kreuz K und die Fäden werden sich stets derart überkreuzen, daß der Faden f_2 der Legschiene L_2 vor dem anderen liegt. Das Fallblech schafft dann die Fäden nach unten, ohne daß die Fäden f_1 mitgenommen werden. Führt man die Legungen nicht entgegengesetzt, sondern in derselben Richtung aus, so nehmen die blinden Legungen die Grundlegungen meist auch mit nach abwärts und fallen ab.

Selbstverständlich ist man nicht gehalten mit einer Legschiene nur blinde Legungen allein auszuführen. Auch kann man mehrere Henkelreihen nacheinander bilden und gemeinsam über die nächste

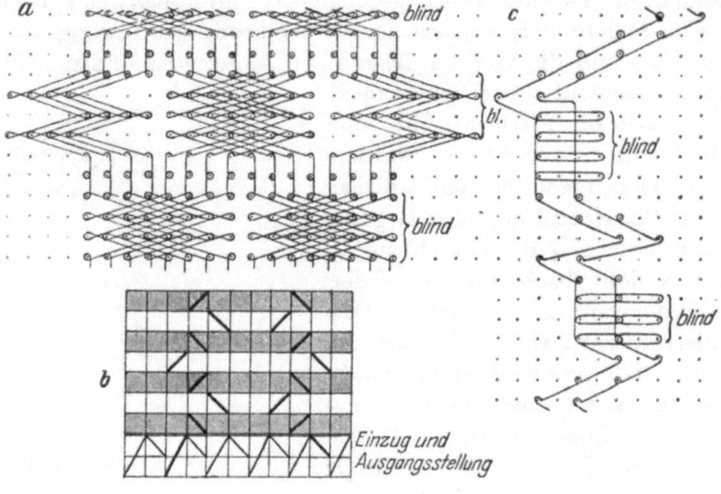

Abb. 81.

Maschenreihe abschlagen. Ein Beispiel für diese Arbeitsweise ist in Abb. 81a dargestellt. Die Fäden werden um die Nadeln mehrmals herumgewickelt, weshalb man diese Legungen Wickellegungen nennt. Das so entstehende Fadenbündel verleiht der Ware ein besonderes Aussehen.

Die blinden Legungen werden ferner auch über mehrere Nadeln ausgeführt. Der Zugstoff oder kleine Spitzengrund wird mit zwei Legschienen hergestellt, die halb eingezogen sind und entgegengesetzt gleich legen. Die Legung ist nach Abb. 81b für die obere Legschiene unter eins nach links über eins nach links, unter eins nach rechts über zwei nach links (blind), unter eins nach rechts über eins nach rechts, unter eins nach links über zwei nach rechts (blind) usw. Die Maschenlegungen jeder Legschiene finden immer auf dieselben Nadeln statt und, da die Maschenstäbchen abwechselnd aus Fäden der unteren und der oberen Legschiene bestehen, so erhält man Längsstreifung, wenn in die Legschienen Fäden von verschiedener Farbe eingezogen sind. Der Name Zugstoff wird gebraucht, weil die Ware sehr elastisch ist. In Abb. 81c ist ein Beispiel von Wickellegungen über mehrere Nadeln dargestellt.

Schußlegungen. Darunter versteht man die Legungen der oberen Legschienen unter den Nadeln nach Abb. 72b, wenn damit ein besonderer Zweck verfolgt wird. Man unterscheidet zwischen Querschuß, wenn die Fäden zu den Maschen, in die sie eingebunden sind, die Lage *II′* und Längsschuß, wenn sie die Lage *II″* besitzen. Eine einfache Ware mit Querschuß ist das Kettentuch mit Futter, Abb. 82a. Dasselbe wird nach Abb. 82b mit zwei voll eingezogenen Legschienen hergestellt. Die untere ist die Grundschiene. Sie legt unter zwei über eins und zurück. Die andere ist die Schußschiene. Sie legt nur unter den Nadeln unter

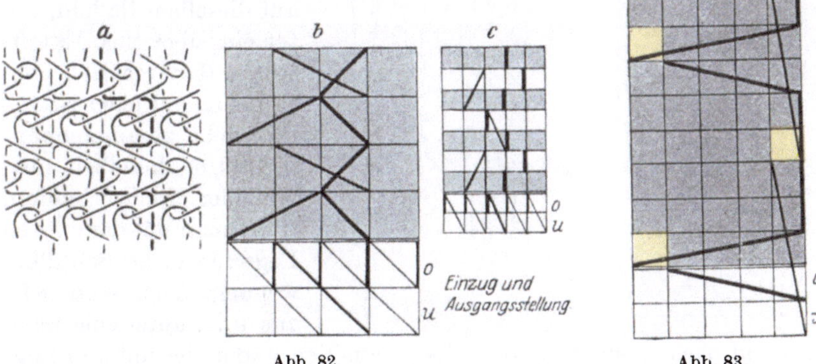

Abb. 82.Abb. 83.

eins nach links, unter eins nach rechts usw. Die Legungen unter den Nadeln werden entgegengesetzt ausgeführt, damit die Schußfäden nicht auf die linke Warenseite durchschlüpfen können (Lage *II* in Abb. 72b). Wie aus Abb. 82a ersichtlich ist, befindet sich der Schußfaden zwischen den Maschenköpfen und den Platinenmaschen. Geht der Schußfaden durch die ganze Breite der Ware, so verliert sie durch ihn die Elastizität. Der Schußfaden wird in diesem Falle in einen Fadenführer eingezogen, der oberhalb der Grundschiene über die ganze Breite der Ware hin- und herbewegt wird.

Die Einbindung von Längsschußfäden ist aus Abb. 72b ohne weiteres klar. Die Fäden sind in die obere Legschiene entsprechend verteilt eingezogen und führen die Legung unter den Nadeln gemeinsam mit den Fäden der Grundlegschiene aus u. z. dann, wenn sie auf die linke Warenseite treten sollen. Die Schußlegung wird im besondern angewendet zur Verbindung von Stäbchenfadengängen untereinander. Nach Abb. 83 wird eine dichte Ware als Grund gelegt. Die Legungen

5*

sind, weil für das Weitere belanglos, nicht eingezeichnet. Die beiden oberen Legschienen *o* und *u* legen unter eins über eins (blind) usw. auf dieselben Nadeln. Zwischen diesen beiden Fadengängen läßt sich eine Schußverbindung herstellen, indem man mit der oberen Legschiene die angegebene Schußbewegung nach rechts ausführt, d. h. die Fäden unter fünf nach rechts und, nachdem die blinde Legung ausgeführt ist, unter vier nach links führt.

Auf die gleiche Weise wird aus Stäbchenfadengängen eine zusammenhängende Ware erzeugt, indem die obere Legschiene außer den Legungen auf die Nadeln zur Bildung der Stäbchen noch Schußlegungen zum nächsten Stäbchen legt. Die Legungen für die Maschenstäbchen sind in Abb. 84a angegeben. Die beiden voll eingezogenen Legschienen legen entgegengesetzt gleich und abwechselnd auf dieselben Nadeln, unter eins über eins. Es entstehen dadurch Maschenstäbchen auf jeder Nadel, die nicht zusammenhängen. Um dieselben miteinander zu verbinden, führt man mit der oberen Legschiene die Schußbewegung nach Abb. 84b aus u. z. unter eins nach

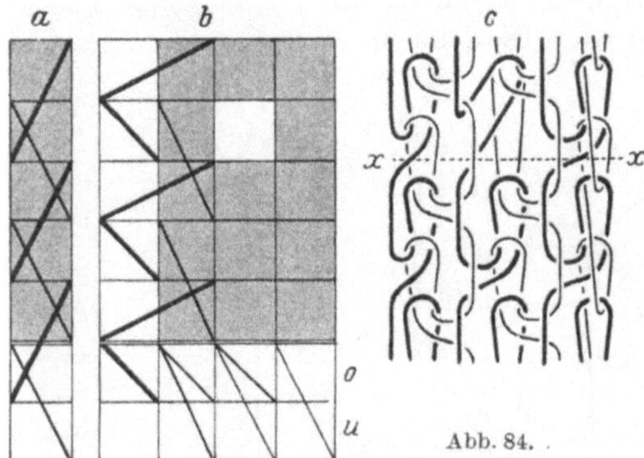

Abb. 84.

links und nach Ausbildung der Masche aus den Fäden der unteren Legschiene unter zwei nach rechts. Die entstehende Ware ist in Abb. 84c gezeichnet. Die stark ausgezogenen Linien stellen die Fäden der oberen Legschiene dar. Da die aufeinander folgenden Maschen im Stäbchen abwechselnd aus Fäden der einen und der anderen Legschiene bestehen, so erhält man, wenn die Ketten verschiedenfärbig sind, eine quergestreifte Ware. Läßt man die Fadengänge unberücksichtigt, so ist die Anordnung der Maschen die gleiche wie in der einreihig geringelten Kulierware. Man kann deshalb bei Verwendung einer Musterpresse aus dieser Ware Preßmuster in der gleichen Art herstellen, was in dem oberen Teile der Abb. 84b und c angegeben ist. Da in der Kettenware beliebig viele nebeneinander liegende Henkel vorkommen können, so ist man in der Musterung sogar noch weniger beschränkt.

Fransen und Schlingenplüsch. Die Fransen werden am einfachsten hergestellt, wenn man nach Beendigung des Warenstückes von den fortlaufenden Legungen für die Ware auf die Legung über eine Nadel übergeht. Man nennt deshalb die Stäbchenlegung auch Fransenlegung. Nach einer anderen Art entstehen die Fransen aus Querschußlegungen.

Es werden aus der Nadelreihe einige Nadeln entfernt und man legt die
Fäden durch die Ware, über diese freie Stelle und noch auf *1* oder *2*
Nadeln fort, wo sie durch eine Legung abgebunden werden. Der Henkel-
oder Schlingenplüsch entsteht ähnlich wie der Kulierplüsch, indem
Maschenreihen mit langen Platinenmaschen hergestellt werden. Zu
diesem Zwecke ersetzt man eine der Nadelreihen Abb. 67a durch eine
Reihe von Stiften, ohne Haken und Zunge (Plüschnadeln). Die
Ware wird etwa nach Abb. 82c mitzwei voll eingezogenen Legschienen
gearbeitet. Die untere oder Grundschiene führt Legungen nur auf
die Hakennadelreihe aus. Die Plüschschiene legt über beide Nadelreihen. Nach der Ausbildung der Maschenreihe wird die
Plüschnadelreihe. gesenkt, wodurch die Henkel von ihr
abfallen. Man stellt die Plüschnadelreihe in verschiedene
Entfernungen von der Hakennadelreihe und erhält so
Henkel von verschiedener Länge. Die gezogenen Fransen
werden ganz ähnlich erzeugt. An Stelle der Plüschnadeln
verwendet man Häkchen, die beweglich sind. Sie fassen
die Platinenmaschen einer Legung über die Nadeln und
ziehen dieselben zur entsprechenden Länge aus.

Rechts- und Rechtskettenwaren. Bei der Ausführung
von Legungen mit mehreren Legschienen auf zwei gegenüberliegende Nadelreihen wird die verschiedene Bedeutung der Legschienen noch erweitert. Man faßt die auf
beiden Nadelreihen entstandene Ware gewöhnlich als eine
Doppelware auf, weil die Maschenreihen nacheinander
hergestellt werden und niemals durch Maschen wie in der
Links- und Linksware verbunden sind. Wegen der Lage der Nadeln zueinander wenden sich die Maschen M_1 und M_2 in Abb. 85 die linke Seite
zu und die beiden rechten Seiten befinden sich außen. Ist eine Legschiene zu den Maschen der einen Nadelreihe eine rechte (obere), so ist sie
zugleich zu den Maschen auf der anderen Nadelreihe eine linke (untere).

Führt man mit der Legschiene L_1 nur Legungen auf der Nadelreihe
I, mit der Legschiene L_2 nur Legungen auf der Nadelreihe *II* aus, so
entstehen zwei getrennte Waren, denn die nicht mitarbeitenden Legschienen (L_2 für *I* und L_1 für *II*) sind stets linke, deren Fäden sich nicht
einbinden. Werden hingegen die Legungen auf *I* mit L_2 und die Legungen
auf *II* mit L_1 ausgeführt, so sind die jeweils nicht mitarbeitenden Legschienen rechte und die auf den beiden Nadelreihen entstehenden
Waren sind mit den Platinenmaschen bzw. durch Schußlegungen miteinander verbunden. Eine unmittelbare Verbindung ergibt sich, wenn
wenigstens eine der Legschienen die Fäden auf beide Nadelreihen auflegt. Die beiden Waren hängen dann einfach durch die Fortsetzung
der Fadengänge von der einen auf die andere Seite zusammen.

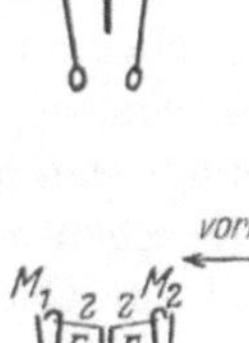
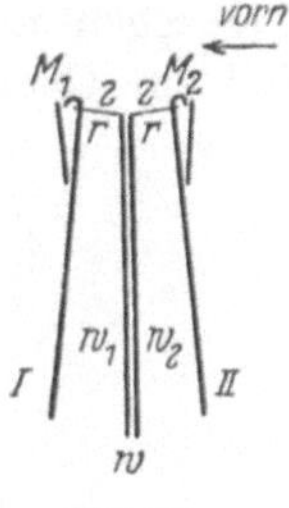

Abb. 85.

Der Schneidplüsch wird nach Abb. 86 mit drei voll eingezogenen
Legschienen hergestellt. Die beiden äußeren (rechten) Legschienen
bilden mit den Legungen unter eins über eins und zurück je ein dichtes
Grundgewirke auf den Nadelreihen *I* bzw. *II*, die nicht zusammenhängen. Die dritte, mittlere, für beide Nadelreihen
untere oder linke Legschiene legt Stäbchen auf beide Nadelreihen, welche die Verbindung herstellen. Die beiden Nadelreihen sind auf etwa 3 cm Entfernung eingestellt. Die
langen Verbindungsfäden werden später durchschnitten und
liefern die Plüschdecke.

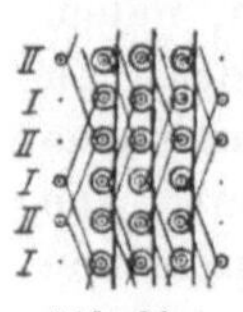

Abb. 86.

In Abb. 87 ist die Legung für eine einfache Rechts- und Rechtsmuster-
ware gezeichnet. Die aufeinander folgenden Punktreihen bedeuten
wieder die Nadelreihen *I* und *II*. Auf der Nadelreihe *II* wird mit der
Legschiene L_1 unter eins über eins und zurück gelegt. Da die Legschiene
voll eingezogen ist, so entsteht eine dichte Ware, der Grund. In die
beiden anderen Legschienen sind fortlaufend zwei Fäden nebeneinander
eingezogen und vier Lochnadeln sind leer. Diese Musterlegschienen
sind zur Grundschiene und zur Nadelreihe *II* untere bzw. linke. Sie
legen anfangs nur auf die Nadel-
reihe *I*, später auf beide Nadelreihen, weshalb sich die Fadengänge mit dem Grunde jedesmal
verbinden.

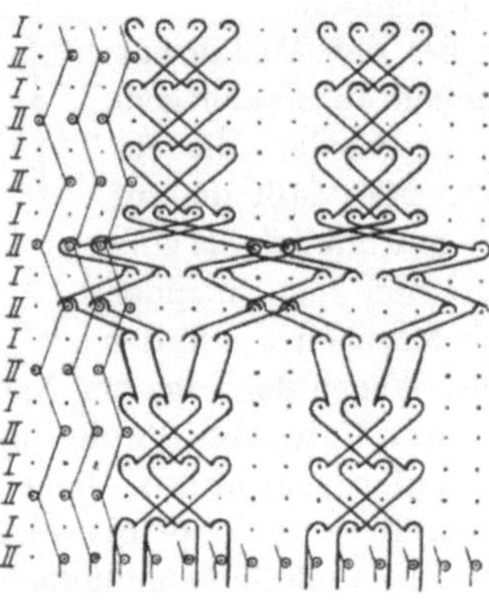

Abb. 87.

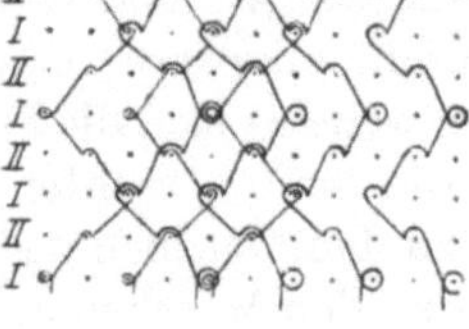

Abb. 88.

Der Raschelfang wird mit zwei halbeingezogenen Legschienen,
die entgegengesetzt gleich Atlas nach Abb. 88 legen, hergestellt. Es
entsteht weder auf der Nadelreihe *I* noch auf *II* eine zusammenhängende
Ware (Grund). Es hängen nur die Rechtsmaschen mit den Linksmaschen,
aber nicht die Rechtsmaschen bzw. die Linksmaschen untereinander
zusammen. Die Fadengänge verbinden die beiden Seiten in Zickzack-
linien. Die Ware ist deshalb außerordentlich dehnbar.

Um Stäbchenfadengänge durch Schußlegungen miteinander zu
verbinden, hat man bei Rechts- und Rechtsware sowohl die nebeneinander als auch die hintereinander liegenden Stäbchen in Zusammen-

hang zu bringen, was möglich ist, weil die Stäbchen auf zwei Arten verbunden werden können. Einmal dadurch, daß sie auf jeder Seite mit der unteren (linken) Legschiene gebildet werden, d. i. durch bloße Überkreuzung und dann durch Legungen nach Abb. 84. Die Erzeugung einer solchen Ware sei an Abb. 89 erklärt. Die Punkte in Abb. 89a bedeuten die Stäbchen, hergestellt auf der Nadelreihe I bzw. II, die Verbindungslinien bezeichnen die Zusammenfassung derselben durch die Schußlegung nach Abb. 84. Da durch dieselbe abwechselnd ein Stäbchen von I und II zusammenhängt, so besteht die Ware aus zwei Teilen, w_1 und w_2, die sich gegenseitig durchdringen, und in dieser Über-

kreuzung liegt die andere Art der Schußverbindung der Stäbchen untereinander. In Abb. 89b ist nur der eine Teil, etwa w_1, gezeichnet und Abb. 89c ist die Fachzeichnung, in der ebenfalls nur die Bindungsvierecke dieses Teiles ausgefüllt sind. Die Legschiene L_1 arbeitet nur mit der Nadelreihe II (Bindungsviereck rot), die Legschiene L_2 nur auf der Nadelreihe I. Beide sind also für die Legung auf die Nadeln untere (linke) Legschienen. Für die Legungen unter den Nadeln aber, welche

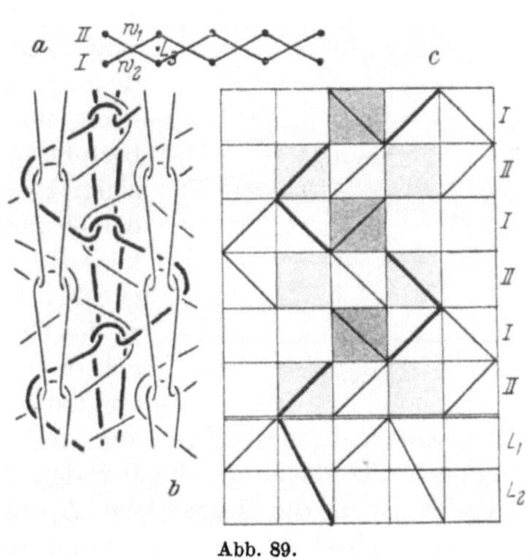

Abb. 89.

die Legschiene L_1 gegenüber der Nadelreihe I und die Legschiene L_2 gegenüber der Nadelreihe II ausführt, sind sie dagegen obere (rechte) Legschienen, was sein muß, damit die Schußlegung auch eingebunden wird. Die Schußbewegung ist mit beiden Legschienen auszuführen, während in Abb. 84 nur eine solche eingezeichnet und notwendig ist. Da ferner die beiden Legschienen voll eingezogen sind, so entsteht zugleich auch der zweite Teil w_2, und dieser hat die gleiche Fadenlage. Die Abb. 89b wäre demnach zu ergänzen durch eine gleiche aber um eine Maschenteilung versetzte Zeichnung, wobei auch noch die Durchdringung zu berücksichtigen ist. Zieht man in die Legschienen Fäden von verschiedener Farbe ein, so erhält man eine Ware mit verschiedenfarbigen Seiten, denn die eine Legschiene bildet nur Rechtsmaschen, die andere nur die Linksmaschen. Wird noch eine dritte Legschiene L_3 mit Fäden von einer dritten Farbe etwa rechts von L_2 hinzugefügt, so kann man mustern, indem man mit L_2 und L_3 abwechselnd Maschen bildet. Die Ware ist auf der einen Seite einfärbig, auf der anderen quergestreift.

Da sowohl L_2 als auch L_3 obere Schienen zu L_1 sind, so werden die Fäden derjenigen Legschiene, die nicht mitarbeitet, die Schußlegungen aber mitmacht, im Inneren der Ware verbleiben und eingebunden (L_3 in Abb. 89a). Befinden sich in den Legschienen gruppenweise Fäden von verschiedener Farbe, so ist die Ware zugleich auch langgestreift. Diese Arbeitsweise ermöglicht schließlich eine Musterung auf beiden Seiten, wenn alle drei Legschienen abwechselnd arbeiten.

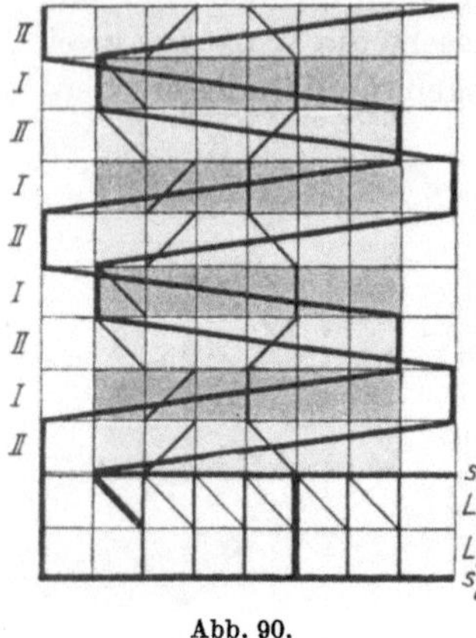

Abb. 90.

Mit der Rechts- und Rechtskettenware lassen sich mehrere Schußfadensysteme verarbeiten, die eine verschiedene Lage in der Ware haben und daher einzeln abgebunden sind. Die Ware kann auf diese Weise bedeutend verstärkt werden und behält dennoch ein festes Gefüge. Diese Möglichkeit besteht schon bei einer Ware aus einer einzigen Reihe von Fadengängen, d. h. wenn das Grundgewirke nur von einer Legschiene hergestellt wird. Nach der in Abb. 90 angegebenen Arbeitsweise wird mit der Legschiene L_1 das Grundgewirke auf beiden Nadelreihen gelegt, in das drei Schußfadensysteme eingebunden werden. Das eine davon ist in die Legschiene L_2 eingezogen und deren Fäden werden durch die angegebene Schußlegung eingebunden. Diese ist notwendig, damit die Fäden, weil die Legschiene L_2 bezüglich der Nadelreihe II eine obere (rechte) ist, auf die linke Seite der Rechtsmaschen gelangen. Außerdem werden noch zwei Querschußfäden S_1 und S_2 durch Fadenführer über die ganze Breite der Ware gelegt. Die außerhalb der Legschienen angeordneten Fadenführer sind hinsichtlich ihrer Lage auch als Legschienen aufzufassen. Der Schußfaden S_1 wird erst unter die Nadeln I gelegt, nachdem die Rechtsmaschenreihe ausgebildet ist, und gelangt als rechter Faden bezüglich L_1 auf die linke Seite der Linksmaschen. Der Schußfaden S_2 wird ebenso erst knapp vor der Legung von L_1 auf II bewegt. Die Fäden von der Legschiene L_2 befinden sich demnach zwischen den Rechtsmaschen und den Linksmaschen und zwischen den Schußfäden S_1 und S_2. Sie werden eingebunden, auch dann, wenn die Legschiene die Seitenbewegung nicht macht.

4. Waren mit entwickeltem Gefüge.

Die einfachen Waren entstehen insofern alle auf die gleiche Art, als nur Bewegungen vorkommen, die in der Herstellungsart der Grundware (glatten Ware) schon enthalten sind. Dieser Teil der Warenerzeugung ist daher ein abgeschlossenes Gebiet, welches zwar sehr umfangreich ist, sich aber doch nicht weiter entwickeln läßt. Die Arbeitsweisen der im folgenden angeführten Waren sind nicht mehr so einfach und von vornherein gegeben. Der Arbeitsvorgang erfährt eine Entwicklung, die in der Gesamtheit noch nicht abgeschlossen ist und fortgeführt werden kann. So wie die einfachen Waren sind auch diese Waren nach dem Arbeitsvorgange zu unterscheiden, in welchem Sinne auch die Bezeichnung Waren mit entwickeltem Gefüge zu verstehen ist.

Als die einfachste Arbeitsweise ist das Decken anzusehen. Beim Handstricken ist dasselbe sogar noch eine ordentliche Arbeitsweise. Man strickt statt einer, zwei nebeneinander befindliche Maschen ab (Abb. 91a). Befinden sich die Maschenköpfe auf einer Nadelreihe, so ist der eine Maschenkopf von der Nadel abzuheben und auf die andere Nadel zu übertragen. Dieses Überhängen ist zwar wegen der Form der Maschen und der Erzeugungsweise, d. i. im Anschlusse an das Einschließen und das Abschlagen möglich, die Übertragungsbewegung ist aber in der Maschenbildung keineswegs enthalten. Eine andere Arbeitsweise ist das Abketteln. Man zieht mit einer Kettelnadel (Zungennadel) an der auf der Nadelreihe hängenden Ware eine

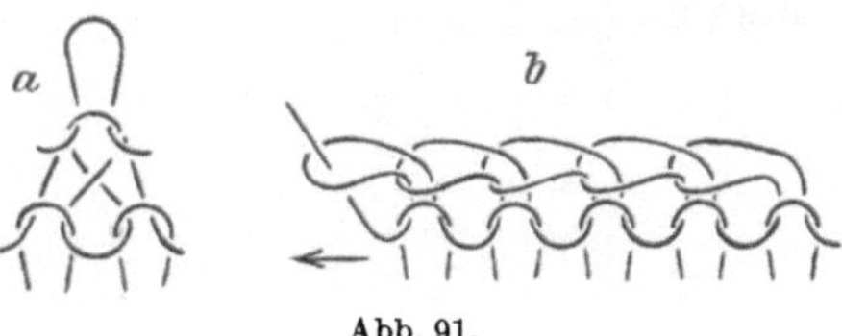

Abb. 91.

Masche durch die danebenbefindliche und setzt den Vorgang fort, um das Warenstück an den freien Maschenköpfen abzuschließen. Das Fadenende wird schließlich durch den letzten Maschenkopf gezogen (Abb. 91b und Abb. 2). Das Abketteln ist selbst beim Handstricken keine ordentliche Arbeitsweise, obwohl es leicht ausführbar ist und daher sogar zur Musterung angewendet wird. (Beim Überziehen wird ein Maschenkopf durch mehrere Maschenköpfe gezogen.) Das Abbinden nebeneinander befindlicher Maschen ist auf einer Nadelreihe noch schwieriger auszuführen als das Decken.

Die ordentlichen Arbeitsweisen finden eine direkte Fortsetzung in der Entwicklung des Arbeitens auf der Nadelreihe. Dazu gehören die seitliche Verschiebung der Nadelreihe, das mehrteilige Arbeiten, die Zusammenfassung von Arbeitsmethoden zur Herstellung von Kettenkulierwaren und der Kulierkettenwaren u. a.

Stechwaren.

In den Stechwaren (Petinetwaren) sind einzelne Maschenköpfe zusammengelegt und gemeinsam abgebunden. Dieselben befinden sich gewöhnlich in derselben Reihe und im danebenliegenden oder nächsten Maschenstäbchen. Infolge des Zusammenlegens der Maschenköpfe

gehen die Maschenstäbchen ineinander über. Die Anzahl der Stäbchen
wird kleiner. Um sie wieder auf die ursprüngliche Anzahl zu erhöhen,
muß man in der nächsten Reihe neue Stäbchen beginnen, was im allgemeinen an beliebigen Stellen stattfinden kann. Man setzt jedoch
gewöhnlich die soeben abgebundenen Stäbchen wieder fort. Nach
Abb. 92a bleibt das rechte Maschenstäbchen unverändert, während das
linke unterbrochen ist. Bei der Herstellung auf einer Nadelreihe ist
der Maschenkopf von der Nadel abzuheben und auf die Nachbarnadel
zu übertragen. Das unterbrochene Maschenstäbchen, das sonst nach

unten auftrennen könnte, ist durch
das Einbinden des Maschenkopfes
gesichert. Dasselbe beginnt von
neuem, indem die leere Nadel an der
Maschenbildung wieder teilnimmt.
Eine Sicherung ist nicht notwendig,
weil es nach aufwärts nicht auftrennen kann.

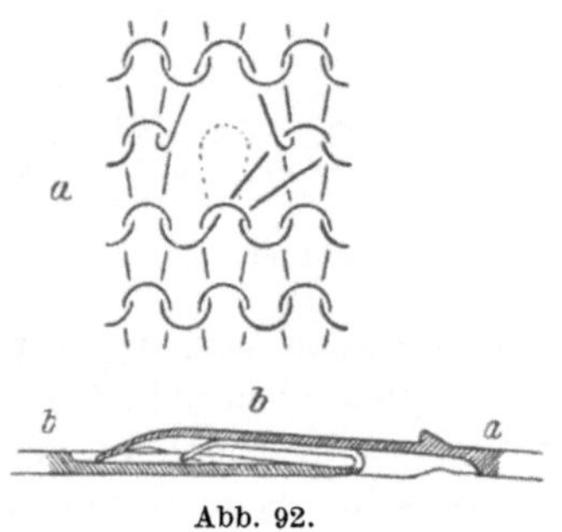

Abb. 92.

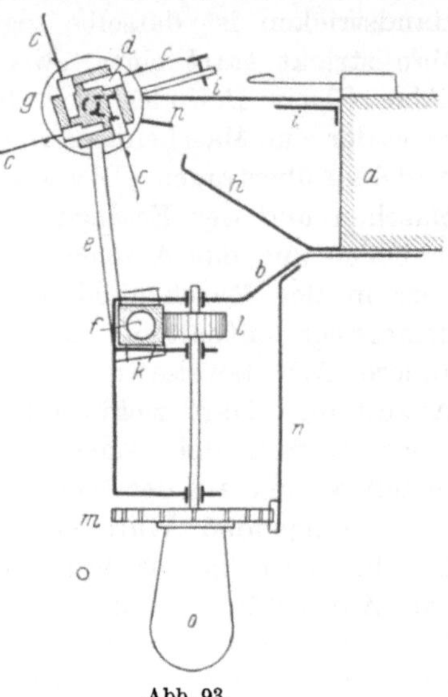

Abb. 93.

Damit man den Maschenkopf übertragen kann, muß erst seine
Verbindung mit der Nadel gelöst werden, wozu ein neues Formstück,
die Decknadel erforderlich ist. Die Decknadel *a* in Abb. 92b besitzt
eine Nut, in die sich der Haken der Wirknadel *b* einlegen kann, während
ihre etwas nach abwärts gebogene Spitze von der Zasche der Nadel
aufgenommen wird. Sie wirkt beim Auflegen wie eine Presse und der
Maschenkopf gelangt durch ein Vorbringen und Abschlagen auf die
Decknadel. Die Decknadel wird hierauf von der Nadel abgehoben und
der nächsten Nadel gegenübergestellt. Die Lösung der Verbindung
mit der Nadel nennt man im allgemeinen das Absprengen. Das Einhängen von Maschenköpfen heißt im allgemeinen Aufstoßen. Es wird
mit Hilfe der Decknadel und der Platinen ausgeführt, indem man die
Decknadel wieder auflegt und die Ware einschließt. Absprengen und Aufstoßen werden beim Decken in einen Arbeitsvorgang zusammengefaßt.
    In Abb. 93 ist eine Stechmaschine für den Handstuhl dargestellt.

An der Nadelbarre *a* des Stuhles sind die Arme *b* befestigt, welche die Stechmaschine tragen. Die Decknadeln *c* werden wie die Stuhlnadeln durch Bleie und Platten mit der Deckbarre verschraubt, die in der Zeichnung vierseitig (vierwändig) ist. Die Decknadeln sind in jeder der vier Decknadelreihen gewöhnlich verschieden verteilt. Die Barre ist beiderseits um Zapfen drehbar in die Arme *e* eingelagert und diese können wieder um die Zapfen *f* soweit bewegt werden, bis die Decknadeln über den Stuhlnadeln stehen, worauf mittels des Handrades *g* die Decknadeln aufgelegt werden. Der Arm *h*, auf welchen *e* auftrifft, gibt die richtige Endlage für die Einwärtsbewegung und die Arme *i* für die Abwärtsbewegung der Decknadeln. Um ferner die Decknadelbarre seitlich verschieben zu können, ist der rechte Zapfen *f* von der vierkantigen Hülse *k* umgeben, welche im Arm *b* gelagert ist und seitwärts eine Verzahnung hat, in die das Stirnrädchen *l* eingreift. Eine Kerbenscheibe *m* mit Sperrfeder *n* ermöglicht die Drehung am Handgriffe *o* um genau so viel, daß sich die Decknadeln um je eine Nadelteilung verschieben. Der Haken *p* hält die Deckmaschine im eingerückten Zustande fest. Das Mustern mit dieser Einrichtung ist beschränkt, weil man die Anordnung der Decknadeln während der Arbeit nicht ändern kann.

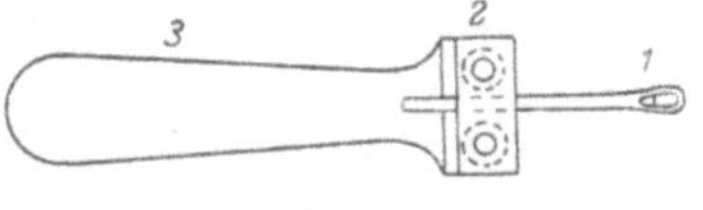

Abb. 94.

Es kommt dafür nur das Wenden der Maschine, der Versatz der Barre mit dem Getriebe *o* und ein mehrmaliges Decken in derselben Reihe in Betracht.

An der Handstrickmaschine benützt man zur Übertragung der Maschenköpfe den Decker, Abb. 94. *1* ist die Decknadel, die mit dem aufgeschraubten Plättchen *2* an dem Halter *3* befestigt ist. Man erfaßt mit der Decknadel die Zungennadel am Haken und zieht dieselbe soweit aus dem Nadelkanal, bis der Maschenkopf hinter die Zunge gleitet. Dann schiebt man die Nadel wieder zurück, wobei der Maschenkopf über die Zunge auf die Decknadel gelangt. Jetzt kann man den Maschenkopf abheben und die Decknadel in eine andere Nadel einhängen. Beim Hochziehen und Heben der Decknadel fällt der Maschenkopf in den Haken.

Die wichtigsten Arbeitsweisen und Veränderungen der Ware sind in Abb. 95 dargestellt. Wird von einer Nadel die Masche entfernt, so entsteht in der nächsten Reihe auf derselben nur ein Henkel und erst in der zweiten Reihe wieder eine Masche. Man unterscheidet deshalb zwischen der Übertragung von Maschen, Abb. 95a, links und der Übertragung der Henkel, Abb. 95a, rechts. Weiter als auf die zweite Nadel, oder in eine andere (nächste) Reihe werden die Maschenköpfe gewöhnlich nicht überhängt. Zur Herstellung der Ware, Abb. 95b, wurde die

Gruppendeckerei oder das Nachdecken angewendet. Während sonst
die Doppelmasche an der Öffnung liegt, befindet sie sich hier um drei
Maschen von derselben entfernt, indem die drei Maschenköpfe mit
einem Dreinadeldecker zugleich übertragen wurden. Mit dem Ein-
nadeldecker deckt man dreimal nacheinander, indem man mit der
Bildung der Doppelmasche beginnt und auf die leere Nadel zweimal den
nächsten Maschenkopf überhängt. Um die gekreuzten Maschen in
Abb. 95c, oben, zu erhalten wird eine Masche nach rechts überhängt,
in der nächsten Reihe der Henkel abgeworfen, die rechte Masche auf
die leere Nadel, die linke Masche um zwei nach rechts übertragen und
schließlich die rechte Masche um eins weiter nach links gedeckt. Die

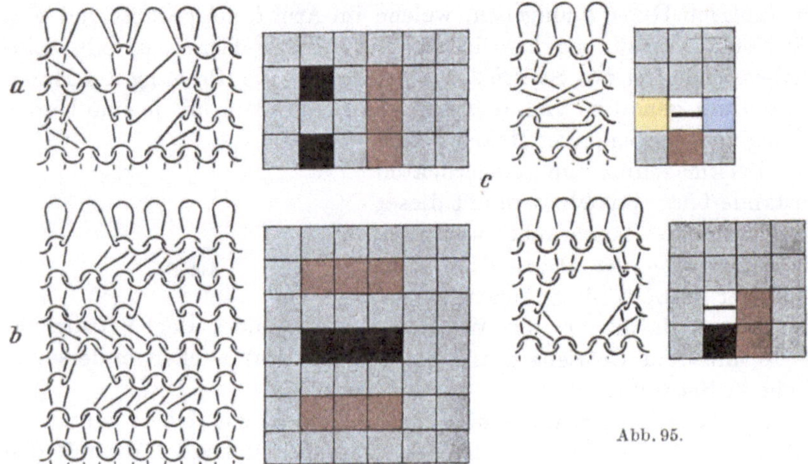

Abb. 95.

große Öffnung in Abb. 95c, unten, entsteht durch folgende Arbeitsweise:
eine Masche kommt nach rechts, die andere nach links, in der nächsten
Reihe wird der rechte Henkel nach rechts übertragen und der Faden
abgeworfen. Die Platinenmasche gelangt dadurch unter die Nadel,
wodurch die beiden neuen Maschenstäbchen erst abgebunden werden,
denn zwei nebeneinander befindliche neue Stäbchen sind gegen Auftrennen nicht gesichert.

Die Arbeitsvorgänge beim Decken von Rechts- und Rechtsware
und von Links- und Linksware sind die gleichen. In Abb. 96a ist als
Beispiel eine Fangpetinetmusterware 1 : 1 geringelt angegeben. Doch
werden diese Waren seltener hergestellt. Kettenwaren werden durch
Decken nicht gemustert.

Der Effekt der Musterung durch Decken besteht in den Durchbrechungen und den Doppelmaschen. Die schiefe Lage der Maschen ergibt,
insbesondere beim Nachdecken, scheinbar gewundene Maschen-

stäbchen und der schiefe Zug bewirkt außerdem eine Veränderung in der Gesamtanordnung.

In der Fachzeichnung wird die Übertragung der Maschenköpfe durch Ausfüllen der Bindungsvierecke mit verschiedenen Farben angegeben. In den Abbildungen ist die glatte Ware (Linksware) durch die graue Farbe bezeichnet. Dem Arbeitsvorgange entsprechend wird die Farbe für das Decken, das im Anschluß an die Maschenbildung ausgeführt wird, auf den grauen Grund aufgetragen. Es bedeutet: schwarz, decken um eins nach links; rot, decken um eins nach

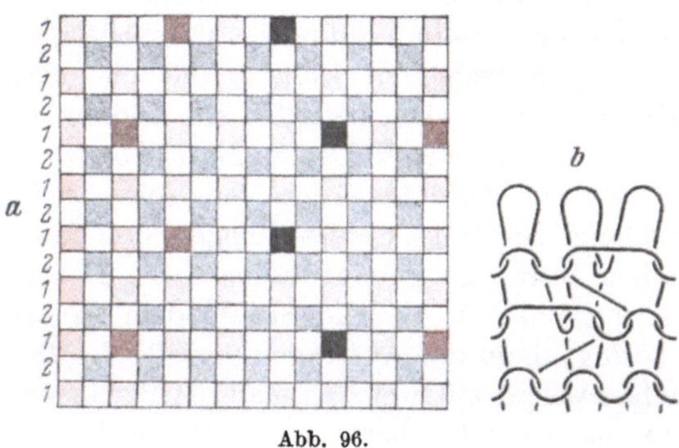

Abb. 96.

rechts; blau, decken um zwei nach links; gelb, decken um zwei nach rechts. Die Farbe wird in das Viereck eingesetzt, das die Bindung des zu übertragenden Maschenkopfes darstellt. Die durch das Übertragen entstandenen Veränderungen der Fadenlage kommen in der Zeichnung nicht zum Ausdrucke. Man hat sich dieselben als Ergebnis der Arbeitsweise vorzustellen.

Eine Abart der Stechware ist die Werfware, Abb. 96b, in welcher, wie man sagt, nur die halben Maschenköpfe übertragen worden sind. Bei der Herstellung bleiben die Maschenköpfe auf der Nadel, auf der

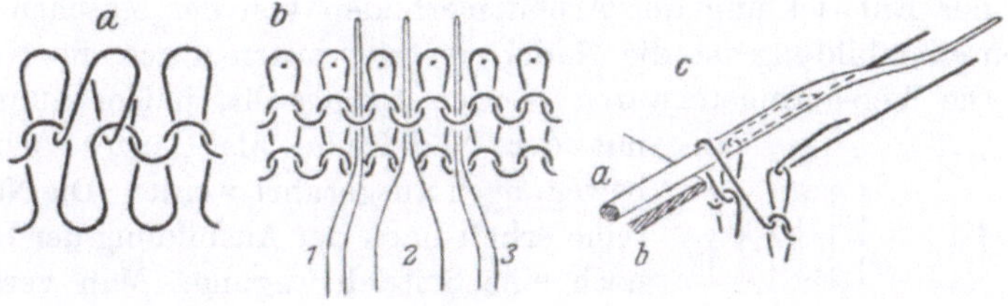

Abb. 97.

sie entstanden sind und werden noch auf die Nachbarnadel überhängt. Der Maschenkopf reicht also über zwei Nadeln. Die Werfware hat kleinere Öffnungen als die Stechware. Die Muster sind deshalb unansehnlich und, da auch die Herstellung schwieriger ist, wird die Ware selten erzeugt.

Die Regelmäßigkeit der Fadenlage in der glatten Ware führt auf den Gedanken, auch die Platinenmaschen nach Abb. 97a aufzudecken.

Die nach aufwärts gerichteten Maschenköpfe und die abwärts gerichteten
Platinenmaschen haben im Gefüge dieselbe Bedeutung. Der Unterschied liegt nur in der Entstehung bzw. in der Arbeitsrichtung. Um
auch in diesem Falle die Arbeit des Deckens an die Maschenbildung
anzuschließen, wird folgendermaßen verfahren. Die Decknadeln *1, 2, 3*
in Abb. 97 b kommen vor der Ausbildung der Reihe vor die Ware. Sie
werden gemeinsam mit den Maschenköpfen eingeschlossen. Dann
werden die Schleifen kuliert und die Maschenköpfe abgeschlagen.
Die Platinenmaschen befinden sich sodann schon auf den Decknadeln.
Die hierzu verwendete Decknadel (*a*) besitzt unten ebenfalls eine Nut im
Schafte zur Aufnahme der Nadelspitze beim Aufdecken (Abb. 97 c).
Die lange Spitze ist derart gebogen, daß das Ende zwischen den Stuhlnadeln liegt. Es genügt deshalb die Decknadeln zu heben, um die
Platinenmaschen vor die Stuhlnadeln zu bringen. Das Scheuerblech
b besorgt dann das Auftragen derselben. Die Nadeln *1* und *3* sind einfache Decker, mit welchen man die Platinenmasche um eins nach links
bzw. nach rechts überträgt. *2* ist ein Zweierdecker, der die Platinenmasche auf beide Nadeln aufdeckt. Durch seitlichen Versatz der Decknadelbarre oder durch eine weitere Ausbiegung der Spitzen der Decknadeln lassen sich die Platinenmaschen auf eine größere Entfernung
überhängen. Man kann ferner die Platinenmaschen statt in derselben
Reihe erst in einer der folgenden Reihen und auch Platinenmaschen
von mehreren Reihen auf den Decknadeln sammeln und sie gemeinsam
aufdecken. Waren dieser Art heißen Aufdeck- oder Ananaswaren.
Das Aufdecken der Platinenmaschen ist als Musterungsverfahren auf-
gegeben worden.

Versatzmusterwaren.

Bei der Entwicklung der Arbeitsmethoden von der Maschen- zur
Maschenreihenbildung ist die Nadel ersetzt worden durch die Nadelreihe. Die Versatzmusterwaren werden hergestellt, indem nunmehr
mit der Nadelreihe als Ganzes Arbeits-
bewegungen ausgeführt werden. Die Nadelreihe erhält nach der Ausbildung der Reihe
noch eine Seitenbewegung. Man versetzt
die eine von zwei gegenüberliegenden Nadelreihen, denn durch die Bewegung einer
Nadelreihe wird die Fadenlage nicht verändert. Verschiebt man nach Abb. 98 die
Nadelreihe *I* um eine Teilung nach links,

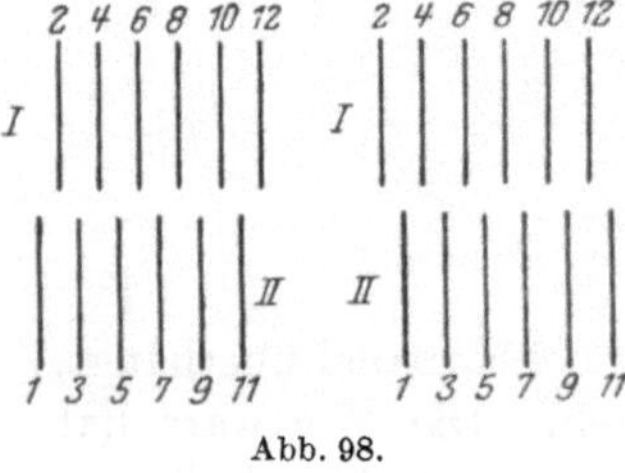
Abb. 98.

so geht die Gesamtreihe *1, 2, 3, 4, 5, 6, 7, 8, 9, 10, 11, 12* über in die
Reihe *2, 1, 4, 3, 6, 5, 8, 7, 10, 9, 12, 11*. Die Wirkung des Versatzes besteht somit in der Änderung der Anordnung der Nadeln und bezüglich
der Fadenlage, in einer Überkreuzung der Stäbchen. Da die Reihen-

folge in jeder Nadelreihe dieselbe bleibt, so ist man beim Mustern beschränkt auf die Veränderung der Größe und der Richtung des Versatzes. Diese Arbeitsweise wird nur bei der Herstellung von Rechts- und Rechtskulierwaren angewendet.

In Abb. 99 ist die Fangversatzware dargestellt. Bei der Herstellung der Fangware, Abb. 44, befinden sich aufeinanderfolgend auf der einen Nadelreihe bloß Maschenköpfe, auf der anderen Nadelreihe Maschenköpfe und Fanghenkel und in der nächsten Reihe ist es umgekehrt. Angenommen, es werde etwa auf der Strickmaschine die rückwärtige Nadelreihe (auf der die Linksmaschen hängen) nach der Herstellung

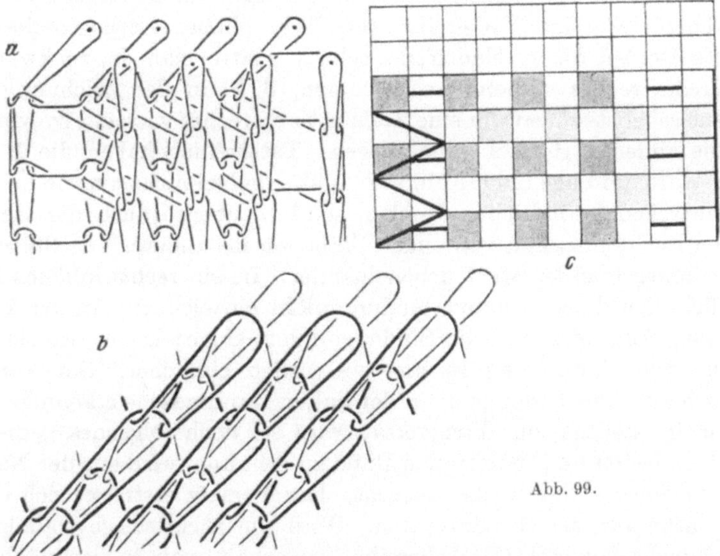

Abb. 99.

jeder Reihe versetzt, u. z. um eine Teilung einmal nach rechts und dann nach links, und es erfolge der Versatz nach rechts, nachdem auf dieser Nadelreihe die Maschen abgeschlagen wurden (in Abb. 99 a die letzte Reihe) und nach links, nachdem auf ihr die Henkel gelegt worden sind. Betrachtet man die Stäbchen aus den Maschen, so sieht man, daß der Versatz auf diese ohne Wirkung bleibt, weil die erste und zweite Abbindung immer bei derselben Nadelstellung (rückwärtige Nadelreihe links) erfolgt. Die Henkel hingegen bilden kein Stäbchen, weil sie nur die erste Bindung haben. Wenn sie gelegt werden, so befindet sich die Nadelreihe jedesmal in der anderen Lage (rückwärtige Nadelreihe rechts), aber ihre Abbindung erfolgt bei der ersten Nadelstellung zusammen mit den Maschen. Die schiefliegenden Henkel bilden daher den Übergang zwischen den Linksmaschenstäbchen, was allerdings noch deutlicher wäre, wenn auch sie eine erste Bindung hätten. Der gleiche Vorgang spielt sich auf der vorderen Nadelreihe ab, doch mit dem Unterschiede, daß die Rechtsmaschenstäbchen entstehen, wenn die rückwärtige Nadelreihe rechts liegt und die Henkel gebildet werden, sobald sie links steht und abgebunden werden, nachdem sie sich rechts befindet. Diese Henkel verbinden die Rechtsmaschenstäbchen in derselben Schräglage wie die anderen Henkel, weil das eine Mal der Kopf, das andere Mal die Seitenteile des Henkels versetzt werden.

Die Entstehung der versetzten Fangware darzustellen ist nicht leicht, denn die Maschenstäbchen ändern ihre Lage fortwährend durch das Versetzen der Nadelreihe. In Abb. 99 a wurde die Fadenlage so gezeichnet, als ob die Maschenstäbchen ihre Lage nicht ändern würden und die rückwärtige Nadelreihe stets links bliebe. Es liegen deshalb nur die Henkel dieser Nadelreihe schief. Hätte man die rückwärtige Nadelreihe rechts stehend angenommen, d. h. in der Zeichnung die Linksmaschenstäbchen um eine Teilung nach rechts versetzt, so würden nur die anderen Henkel schief liegen. Tatsächlich haben die Fäden in der Ware die Lage nach Abb. 99 b, und es gehen nicht nur die bei den Linksmaschen befindlichen Henkel, sondern ebenso auch die Henkel bei den Rechtsmaschen von einem Stäbchen ins andere. Die Stäbchen liegen hintereinander statt nebeneinander. In ein rechtwinkliges Netz aber läßt sich diese Fadenverbindung nicht einzeichnen. In der Fachzeichnung Abb. 99 c sind die Bindungen dort eingezeichnet, wo sie entstehen. Die Darstellung ist also wesentlich einfacher. Der Versatz läßt sich aus dem Fadengang an der linken Randmasche erkennen.

Zur Herstellung der Fangversatzware sei noch folgendes bemerkt. Um einen festen und fehlerfreien Rand zu erhalten, wird aus der Nadelreihe beiderseits eine Nadel entfernt. Der Versatz erstreckt sich dann nicht mehr auf die Randmaschen. Wird die rückwärtige Nadelreihe einmal nicht versetzt (Umkehrreihe), so erhält man in den nächsten Reihen eine Ware, in der Henkel und Maschen entgegengesetzt schief liegen. Durch solche Umkehrreihen kann man Zickzackmuster bilden.

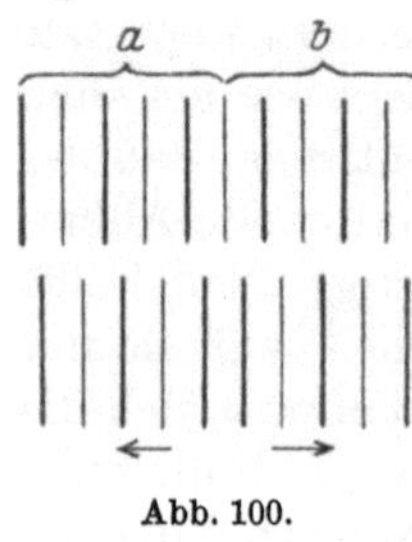

Abb. 100.

An einer Ware, die nur aus Maschen besteht (z. B. an der Ränderware 1 : 1), wird durch Versatzmusterung das Aussehen wirkungsvoll nicht verändert, denn es sind weniger die Maschen, als vielmehr die Henkel, welche die Musterwirkung hervorbringen. Man geht deshalb meistens von den Preßmusterwaren aus. Bei der Großmusterung durch Versatz werden außerdem noch einzelne Nadeln entfernt oder abgestellt.

In dem Beispiele Abb. 100 werden die durch die schwachen Linien bezeichneten Nadeln abgezogen. Der Versatz nach rechts und zurück ist dann nur für die Nadelgruppe b wirksam, für die Nadelgruppe a aber unwirksam. Versetzt man dagegen zuerst nach links und zurück, so bleibt die Ware auf den Nadeln *b* ohne Versatz. Man kann auf diese Weise die Ware in Langstreifen und Vierecken mustern.

Noch weniger beschränkt ist man in der Musterung, wenn man die Nadeln nicht abzieht, sondern abstellt, weil dieselben wieder eingerückt werden können, d. h. wenn man Bunt- und Preßmusterversatzware arbeitet. Ein einfaches Beispiel dieser Art zeigt die Abb. 101. Man arbeitet Perlfangware und außerdem auf der vorderen Nadelreihe hinterlegte Ware. Im Rechtsmaschenstäbchen, das nur aus Maschen bestehen sollte, befinden sich nach Abb. 101 a auch querliegende Fäden, was bedeutet, daß die betreffenden Nadeln abgestellt waren. Die Verteilung derselben ist eine

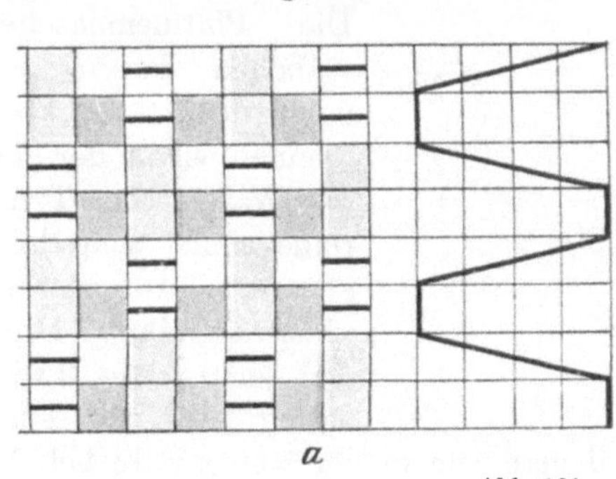
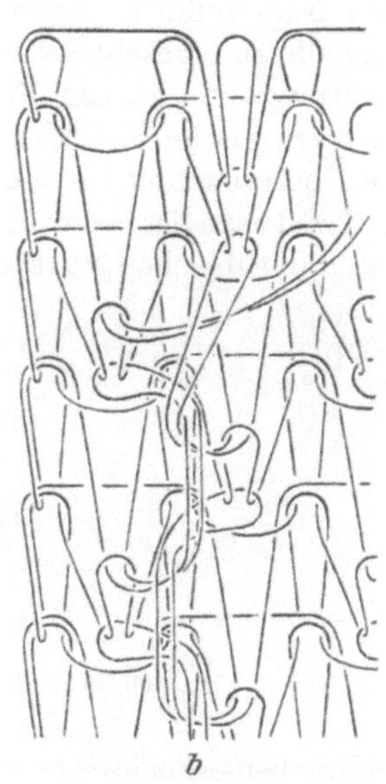

a   b

Abb. 101.

sehr einfache. Es arbeitet abwechselnd jede zweite Nadel während der Herstellung von zwei Reihen nicht mit. Der Versatz ist an der Seite angegeben und beträgt zwei Nadelteilungen (von einer Nadelreihe) hin und zurück nach der Ausbildung der Fangreihe. Nach der Herstellung der Randreihe *1:1* wird nicht versetzt. Infolge dieses Versatzes und Abstellens der Nadeln umschlingen die Rechtsmaschen einander (Abb. 101b) in ähnlicher Weise wie die Schußumschlingungen in Abb. 84.

Die Twistware.

Vergleicht man die Twistware, Abb. 102a, mit der glatten Kulierware, so findet man nur, daß die Maschen um 180 Grad verdreht sind. Solche Maschen kommen auch in der Kettenware vor, und sie werden bei der Herstellung der Twistware ebenfalls durch eine Legung gebildet. Der Faden wird für eine neue Reihe der gezeichneten Ware um eine Nadel nach der anderen von links nach rechts fortschreitend, durch

eine Bewegung entgegengesetzt der Uhrzeigerbewegung herumgewickelt.
Über diese Kreuzschleifenreihe werden die Maschenköpfe abgeschlagen.
Die Umwicklung ist eine Legung unter zwei nach rechts über eins nach
links usw. über die ganze Nadelreihe. Der Sinn der Überkreuzung
der Maschenseitenteile ist von der Legrichtung abhängig. Beim Legen
von links nach rechts kann der Faden nur in der gezeichneten Überkreuzung gelegt werden. Die entgegengesetzte Überkreuzung kann
auf einer Nadelreihe in dieser Richtung nicht gelegt werden. Es läßt
sich deshalb rundgeschlossene Twistware wegen der gleichbleibenden
Gangrichtung aus gleichen Maschen in jeder Reihe herstellen. In der
flachen Ware werden die Maschen des Ganges nach links die entgegengesetzte Überkreuzung wie die Maschen des Ganges nach rechts haben.

Die Twistware ist sehr elastisch. Bei der Anspannung der Ware
ziehen sich die Maschen stark zusammen. Sie ist deshalb im besonderen
Maße luftdurchlässig. Die Platinenmaschenstäbchen lassen sich nach aufwärts nicht auftrennen wie an der glatten Ware. Eine Twistreihe eignet sich daher als feste Anfangsreihe (Anschlagreihe). Unter den gemusterten Twistwaren ist die Preß

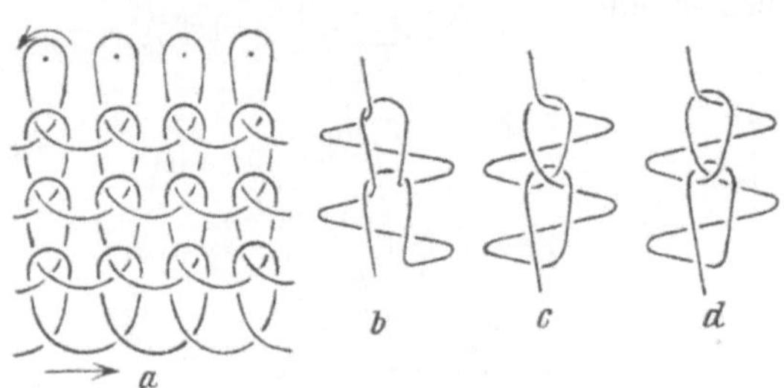

Abb. 102.

musterware bemerkenswert, weil man wie in der Kettenware beliebig
viele Henkel nebeneinander anordnen kann. Die Henkel mustern auf
der linken Seite, denn sie treten infolge der Verdrehung der Schleifen
aus der Warenfläche heraus.

Um zu verstehen, daß die Twistware auch Maschenware ist, muß man
auf die Grundform, Abb. 1, zurückgreifen, denn es ist fraglich, ob nach
der Verdrehung der offenen Maschen der die Maschenverbindung
kennzeichnende Zusammenhang noch vorhanden ist. Wäre es nicht
der Fall, dann hätte man durch die Verdrehung der Maschen eine Ware
erhalten, die von unserer Grundware nicht mehr abstammt. Man erhält
aus dem mit der Grundform Abb. 1 zusammenhangsgleichen Stäbchen,
Abb. 102 b, mit offenen Maschen, das Stäbchen Abb. 102 c mit den Kreuzmaschen, wenn man einfach die Gangrichtung der Schraubenlinie
umkehrt. Da diese beiden Stäbchen zusammenhangsgleich sind, so
ist auch die Twistware mit der gleichen Gangrichtung und Überkreuzung
eine Maschenware. Ebenso geht die dazu negativ-gleiche Twistware
aus der negativ-gleichen Grundform hervor. Beide sind auf einer
Nadelreihe durch Legung herstellbar. Nun gibt es außer diesen noch

zwei ähnliche Waren, die man erhält, wenn man die Überkreuzungen in die entgegengesetzten ändert. Die Grundform (als Stäbchen) einer dieser Waren ist in Abb. 102d gezeichnet. Sie ist mit keiner der Grundformen der Maschenware zusammenhangsgleich und die Waren deshalb keine Maschenwaren. Auch kann man sich leicht überzeugen, daß sie auf einer Nadelreihe nicht herstellbar sind.

Die Schußkulierware.

Schußfäden lassen sich am einfachsten in die glatte Rechts- und Rechtsware einbinden. Der Schußfaden wird in den Winkelraum zwischen den Rechts- und den Linksmaschen einer Reihe, Abb. 103a, I und II eingelegt und durch die nächste Reihe abgebunden. Er ist nach Abb. 103b von den Rechts- und Linksmaschenstäbchen eingeschlossen und die einzelnen Gänge werden durch die Bindungen der Maschen voneinander getrennt. Weniger einfach ist das Eintragen des Schußfadens in glatte Ware und in glatte Preßmusterware.

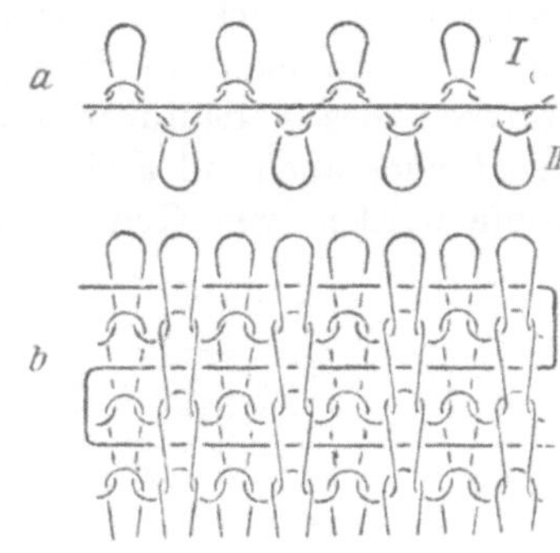

Abb. 103.

Schußkulierware ist in der Richtung der Reihe wenig dehnbar. In der Richtung des Stäbchens ist die Dehnbarkeit ohnedies geringer, weshalb ein Längsschuß selten eingetragen wird. Die Geschmeidigkeit der Ware wird durch die Schußfäden nicht beeinträchtigt.

Der Schußfaden ist in der Kulierware nicht ein Bestandteil der Maschenverbindung wie er es in der Kettenware ist, daher die Schußkulierwaren nicht mehr zu den einfachen Waren zu rechnen sind.

Mit der Eintragung des Schußfadens wird zuweilen das Gegenteil bezweckt. Man legt einen übersponnenen Gummifaden ein (möglichst ohne Spannung), um die Elastizität der Ware zu erhöhen.

Aus Teilen zusammengesetzte Waren.

Bei der Herstellung von mehrgängiger Grundware erzeugen mehrere Arbeitssysteme mit der gemeinsamen Nadelreihe ein Warenstück. Die Waren dieser neuen Gruppe entstehen, indem die Arbeitssysteme zwei oder mehrere Warenstücke auf einer Nadelreihe nebeneinander oder hintereinander erzeugen. Entstehen die Stücke auf verschiedenen Teilen der Nadelreihe, so spricht man von einem mehrteiligen Arbeiten. Die Waren werden nebeneinander hergestellt und hängen miteinander nicht zusammen. Man bringt die Stücke in Zusammenhang, indem man wieder ein Arbeitssystem mit der ganzen Nadelreihe bildet und Reihen von der vollen Breite herstellt. Man kann die Nadelreihe verschieden teilen und die Anzahl der Arbeitssysteme verändern, doch läßt sich durch diese Arbeitsweise die Ware nicht mustern. Eine andere Art, die Stücke zu verbinden besteht darin, daß die Teile der Nadelreihe auch gemeinsame Nadeln enthalten. In diese Gruppe fallen auch die Kettenkulierwaren.

Umlegmusterwaren. Nach Abb. 104a werden zwei glatte, flache Waren von verschiedener Breite zugleich hergestellt, indem ein Fadenführer über die ganze Breite der Nadelreihe und der zweite Fadenführer bloß über einige Nadeln legt. Wird hierbei auf die Anordnung der Fäden keine Rücksicht genommen, so wird das eine Warenstück durch das andere nur verstärkt. Um zu mustern, läßt man den locker gearbeiteten Grund durch mehrere Fadenführer in angemessenen Abständen verstärken. Diese Fadenführer können die Fäden in den aufeinander folgenden Reihen auch auf andere Nadeln legen, denn die offenen Maschenköpfe werden vom Grundgewirke stets abgebunden. Sollen sich die

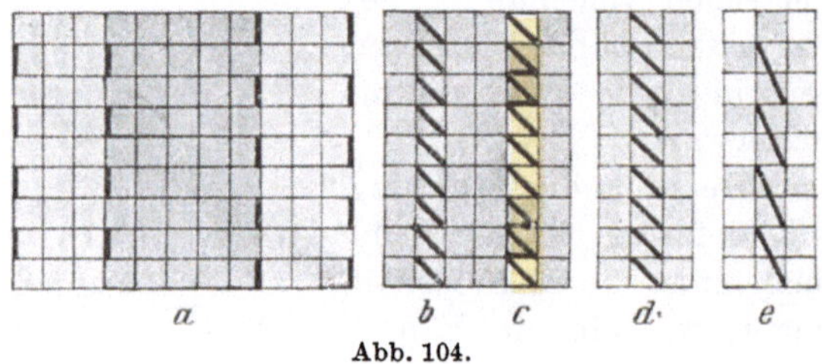

Abb. 104.

Fäden plattieren, so müssen die Verstärkungsfadenführer hinter dem Grundfadenführer liegen, damit die Musterfäden obere (rechte) sind und die Streifen das Grundgewirke auf der rechten Warenseite überdecken. Bei einer größeren Anzahl der Streifen werden die Fäden in eine oder in mehrere Legschienen eingezogen. In diesem Falle sind die Deckfäden linke Fäden und müssen daher zuerst gelegt werden (wie für die Herstellung von plattierter Kettenware). Die aufplattierten Langstreifen ergeben im Vereine mit einem quergestreiften Grund ein Schottenmuster.

Überdecken die Fäden bloß ein Maschenstäbchen etwa nach Abb. 104b und c, so heißen sie Schnuren. Sie werden dann stets in Legschienen eingezogen und man mustert durch verschiedenen Einzug (Farben), verschiedene Legungen (Versatz) und durch Unterbrechung der Legung. Bei der Unterbrechung der Legungen kann man den freiliegenden Faden nach Abb. 104c durch blinde Legungen einbinden, die auch fortgesetzt werden, wenn die Maschenlegung von dem Grundfaden allein ausgeführt wird. Die Schnure wird so noch verstärkt.

In einer anderen Art ist das Maschenstäbchen in den Broschierwaren mit der glatten Ware verbunden. Bei der Herstellung des Grundgewirkes werden nach Abb. 104d von der Nadel, auf der das Maschenstäbchen entsteht, keine Maschen ausgebildet, sondern der Faden nur gefangen. Das Bindungsviereck bleibt leer und wird erst für die Bindung des Maschenstäbchens ausgefüllt. Die Henkel bleiben dennoch nicht auf der Nadel, denn sie werden beim nächsten Abschlagen der Mustermaschen abgeworfen und, da die Musterfäden linke Fäden sind, in die Platinenmasche derselben eingebunden. In der Ausführung nach Abb. 104e werden auf der Musternadel abwechselnd eine Masche des Grundgewirkes und des Musterstäbchens erzeugt. Das Stäbchen ist einfach und nicht doppelt, denn jeder Faden ist Bestandteil derselben Ware. Die Musterfäden sind in das Grundgewirke eingearbeitet wie in der Kettenware. Die Ware wird dadurch zur Kettenkulierware.

Umlegemuster werden auch auf der Rechts- und Rechtsware erzeugt. Der Musterfaden wird auf die Stuhlnadeln gelegt und mit ihm die Maschen der Linksmaschenstäbchen überdeckt.

Die Dreifadenware. Diese Ware wird auf der Strickmaschine hergestellt, indem den Nadeln die drei Fäden *1, 2, 3* in Abb. 105 zugeführt werden. Der Faden *2* wird von den Nadeln beider Seiten erfaßt und zu Rechts- und Rechtsware *1:1* verarbeitet. Die Fäden *1* und *3* werden in die anderen von den Nadeln gebildeten Winkelräume eingelegt und daher nur von den Nadeln der einen Seite erfaßt, auf welchen sie zu glatter Ware verarbeitet werden.

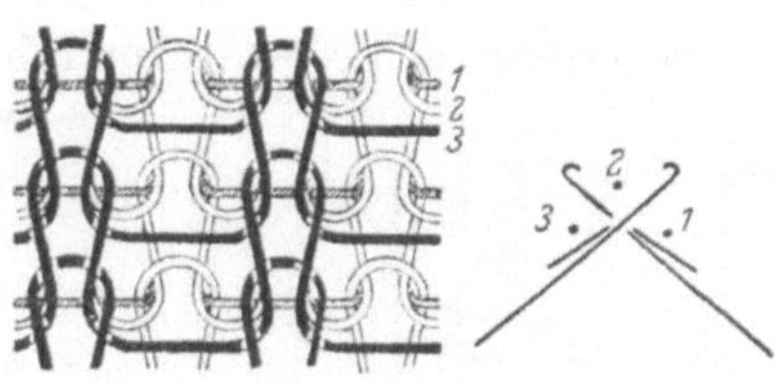

Abb. 105.

Es entstehen auf diese Weise zugleich drei Waren: eine Rechtsware, eine Linksware und eine Rechts- und Rechtsware, die von den glatten Waren beiderseits überdeckt wird und sie verbindet. Die Ware zeichnet sich durch bedeutende Dicke und geringe Dehnbarkeit aus.

Splitverbindungen. Um zwei oder mehrere Warenstücke, die nebeneinander hergestellt werden, zu verheften, werden nach Abb. 106 die Randnadeln gemeinsam benützt. Zur Herstellung der Verbindung nach Abb. 106a haben die beiden Arbeitssysteme stets eine Nadel gemeinsam, wodurch ein Doppelstäbchen entsteht, das den Zusammenhang herbeiführt. Besser und ohne Verdickung der Ware an den Verbindungsstellen werden die Stücke verheftet, wenn die Nadeln den Arbeitssystemen abwechselnd angehören. In der Splitware Abb. 106b umfaßt die Verbindungsstelle zwei Maschenstäbchen. Die beiden Fadenführer werden zugleich in Bewegung gesetzt. Beim Gange von links nach rechts legt der linksstehende Fadenführer den Faden nur bis zu den Verbindungsnadeln, der rechtsstehende dagegen über die Verbindungsnadeln bis an den Rand. Hierauf führt der linke Fadenführer eine

Legung unter den beiden Nadeln nach rechts aus, damit in der nächsten Reihe das linke Warenstück die Verbindungsmaschen liefert.

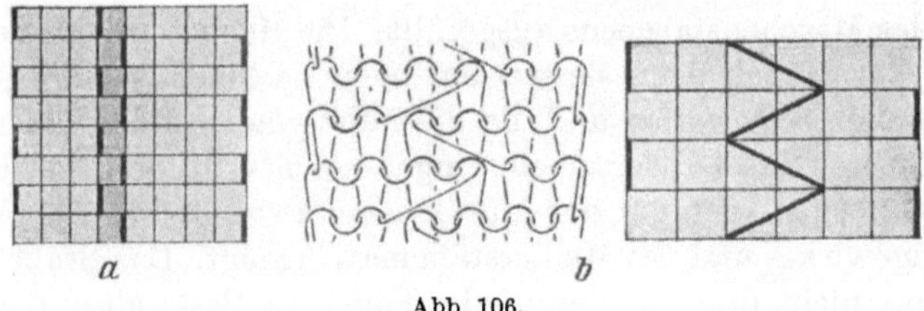

Abb. 106.

Durch diese Legung wird abwechselnd das eine und dann das andere Arbeitssystem um zwei Nadeln breiter. Nach Arbeitsweise und Fadenlage entsteht in der Gesamtheit wieder eine Kettenkulierware.

Verbindung durch Schußlegungen. Man erzeugt auf der Strickmaschine auf den beiden Nadelreihen nach Abb. 107 a glatte Ware, indem einmal zwei Reihen vorne und dann zwei Reihen rückwärts usw. hergestellt werden. Dazu ist für jede Nadelreihe ein Fadenführer erforderlich, der einmal hin- und herbewegt wird und dann während der Ausbildung der nächsten zwei Reihen rechts stehen bleibt. Arbeitet die vordere Nadelreihe mit dem auf der vorderen Fadenführerschiene sitzenden, die rückwärtige Nadelreihe mit dem auf der rückwärtigen Fadenführerschiene sitzenden Fadenführer, so bleiben die Warenstücke vollständig getrennt, denn der vordere Fadenführer ist für die Linksware ein linker (unterer) und der rückwärtige Fadenführer für die Rechtsware ebenfalls ein linker. Arbeitet dagegen der

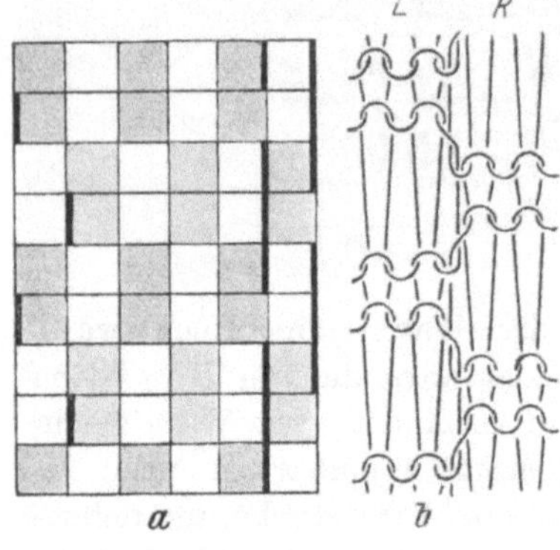

Abb. 107.

rückwärtige Fadenführer mit der vorderen, der vordere mit der rückwärtigen Nadelreihe, so wird nach Abb. 107b der Faden des jeweils ausgerückten Fadenführers in die Platinenmaschen der beiden aufeinander folgenden Randmaschen der anderen Ware eingebunden und die Warenstücke hängen durch Schußlegungen zusammen. In Abb. 107b sind die beiden Warenstücke nebeneinander gezeichnet und es bedeutet *L* die Linksware und *R* die Rechtsware.

5. Gebrauchsgegenstände.

Wirkwaren werden hauptsächlich zur Bekleidung verwendet. Sie sind dehnbar und eignen sich daher vor allem für faltenlos anliegende Kleidung (Strümpfe, Handschuhe, Sportkleider). Waren mit lockerem Gefüge sind luftdurchlässig und saugfähig, dichte Waren sind schlechte Wärmeleiter und selbst in stärkerer Ausführung noch schmiegsam (Unterkleider). Sie sind widerstandsfähig gegen Abnützung und leicht waschbar. Ein Nachteil ist, daß sie sich leicht verziehen und entstandene Löcher weiter auftrennen. Die Wirkwaren lassen sich verschiedenartig mustern (Farben- und Oberflächenmuster) und werden deshalb vielfach auch als Oberkleider getragen. Gebrauchsgegenstände aus Wirkware sind auch ohne Naht herstellbar. Wegen mancher dieser Eigenschaften werden die Waren auch noch zu anderen Zwecken verwendet.

Der Arbeitsvorgang, durch den ein Gebrauchsgegenstand entsteht, setzt sich aus zwei Teilen zusammen. Man stellt aus dem flachen Stoffe Stücke von bestimmter Form und Größe her und verbindet diese an den Rändern. Die Umfänge der Stücke liefern dann ein räumliches Netz, durch welches die Gebrauchsform des Gegenstandes bestimmt ist. In den meisten Fällen führen verschiedene Netze zu demselben Ziele, denn man kann den gleichen Gebrauchsgegenstand aus mehr oder weniger Teilen von verschiedenen Formen zusammensetzen und auch die Verbindung in verschiedener Art bewerkstelligen.

So wie die Waren, werden auch die Gebrauchsgegenstände nach der Herstellungsart unterschieden, doch werden sie weniger nach der Herstellungsart als vielmehr nach dem Gebrauchszweck eingeteilt und bezeichnet. Die Formstücke werden aus einer vorher erzeugten Ware zugeschnitten und dann vernäht. Man erhält auf diese Weise die geschnittenen Gebrauchsgegenstände. Diese Arbeiten sind nicht mehr zur Wirkerei bzw. Strickerei zu rechnen, obwohl sie häufig im Anschlusse an die Warenerzeugung ausgeführt werden. Die zweite Gruppe bilden die regulär-gearbeiteten Gebrauchsgegenstände. Einige der bekannten Arbeitsweisen lassen sich nämlich statt zur Musterung, zur Herstellung von Formstücken und zur Verbindung derselben anwenden. Der Gebrauchsgegenstand entsteht in diesem Falle zugleich mit der Ware (dem Stoff). Die Arbeitsmethoden der Warenbildung können nach der angegebenen Methode der Netzbildung weiter entwickelt werden. Unter günstigen Verhältnissen erzeugt man nahtlose Gegenstände in einem ununterbrochenen Arbeitsgange. Um rascher zum Ziele zu gelangen, wird jedoch meist ein Teil der Verbindungen durch Nähen und Ketteln hergestellt. Kommen an dem im übrigen regulär-gearbeiteten Gegenstande auch geschnittene Teile vor, so ist er halbregulär gearbeitet worden.

Nähen und Ketteln.

Die Stoffstücke werden entweder bloß mit den Rändern nach
Abb. 108a oder mit den ganzen (gleichen) Seiten nach Abb. 108c übereinander gelegt und vernäht. Die zweite Art ist besser, obwohl die
Teile verkehrt zusammenzunähen sind und der eine Teil nach Ausführung der Naht um 180 Grad gedreht werden muß. Wegen des noch
notwendigen Umwendens heißt die Naht Überwendnaht. Die Bruchkanten in Abb. 108b liefern eine genaue Übergangslinie zwischen den
Stoffstücken. Die Art der Verschlingung des Fadens mit dem Stoffe
heißt der Stich. Man unterscheidet ferner die Obernaht und die Saumnaht, die Handnaht und die Maschinennaht.

Die Handnaht wird hergestellt, indem das noch unvernähte End-
stück des Nähfadens bei jedem Stiche durch den Stoff gezogen wird.
Das Hilfsmittel dazu ist die Handnähnadel, die an dem einen Ende

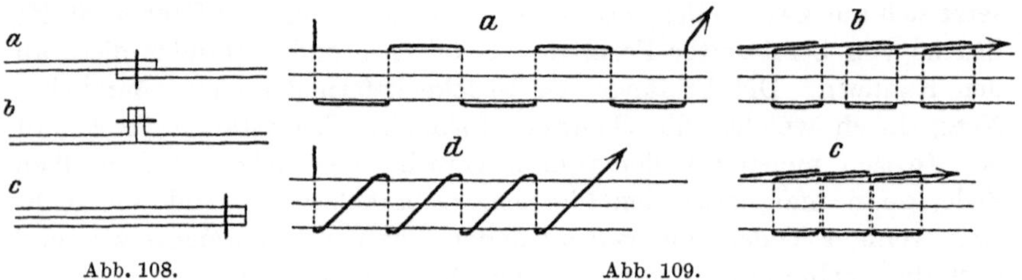

Abb. 108.   Abb. 109.

zugespitzt ist, am anderen Ende ein Öhr hat. Die einfachste Verbindungs-
naht ist die in Abb. 109a gezeichnete Vorderstichnaht, die meist als
Heftnaht ausgeführt wird. Besser ist die Verbindung an der Hinterstichnaht, Abb. 109b, in welcher der Faden mit dem Stoffe verschlungen
ist. Gehen die Schlingen durch dieselben Stichlöcher, Abb. 109c, so
heißt die Naht Steppstichnaht. Bei diesen Obernähten gehen alle
Stiche durch den Stoff. Bei der Saumnaht ist der Stich auch um die
Stoffkanten gelegt, Abb. 109d. Die Warenstücke hängen durch doppelt
so viele Stiche zusammen als an der Heftnaht.

Die Nähte an Wirkwaren sollen wie der Stoff selbst, dehnbar sein.
Sind sie es nicht, so wird bei einer Anspannung der Ware der Nähfaden
zerreißen, weil er die Belastung allein zu tragen hat. Am dehnbarsten
ist die Saumnaht. Damit sich die Stichlöcher beim Anspannen der
Ware voneinander entfernen können, müssen die zwischen den Stich-
löchern liegenden Fadenstücke nachgeben, was an der Saumnaht möglich ist, weil die um die Kante geschlungenen Fadenstücke schief liegen.
Besitzen die Warenstücke feste Kanten, so kann die Naht ganz nahe am
Rande liegen. Die Saumnaht gestattet dann ein vollständiges Ausbreiten der Ware ohne Bruchkanten bzw. abstehende Ränder.

In Abb. 110 ist eine der gebräuchlichsten Handnähte zum Zusammennähen von regulär-gearbeiteten Warenstücken gezeichnet. Der Faden umschlingt mit der Vorderstichsaumnaht die beiden Randmaschenstäbchen an den zweiteiligen Randmaschen. Die Naht fällt nur dann gleichmäßig und geschlossen aus, wenn die Randmaschen nicht zu locker sind, was bei der Herstellung der Ware wohl zu berücksichtigen ist.

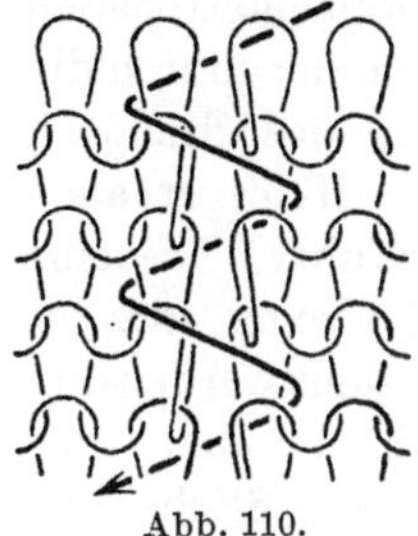

Abb. 110.

Die Maschinennähte werden hergestellt, indem das unvernähte Fadenende nicht ganz, sondern nur stückweise durch den Stoff gezogen wird. An der Maschinennadel n, Abb. 111, befindet sich das Öhr in der Nähe der Spitze und an der einen Seite hat die Nadel eine längere Nut, in die sich der aus der Öffnung tretende Faden F einlegt. Die Stichbildung ist folgende. Die Nadel sticht in den Stoff ein und geht sogleich wieder ein Stückchen zurück, wodurch der vom letzten Stichloch kommende Faden eine freiliegende Schlinge bildet, der andere Teil des Fadens jedoch mit der Nadel aus dem Stoffe gezogen wird. Die Schlinge wird dann mit demselben oder mit einem zweiten Faden abgebunden und, indem die Nadel aus dem Stoff gezogen wird, zieht sich der Stich zusammen. Der Stoff, seltener die Nadel wird vor der Ausführung des nächsten Stiches um die Stichlänge versetzt. Da nicht das ganze Fadenende, sondern nur eine Schlinge durch den Stoff gezogen wird, können

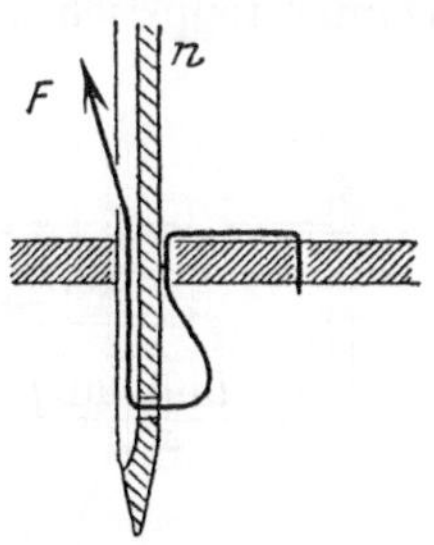

Abb. 111.

die Stiche rascher aufeinander folgen als beim Handnähen und der Nähfaden braucht nicht so oft erneuert zu werden. Er kann beliebig lang sein und man kann ohne Unterbrechung fortnähen.

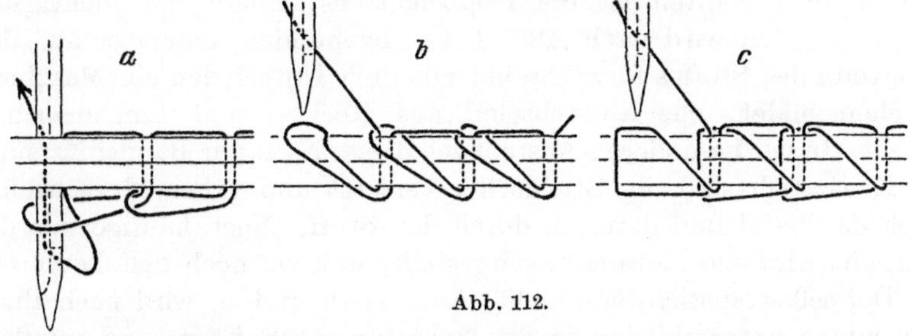

Abb. 112.

Bei der Herstellung der einfachen Kettenstich-Obernaht, Abb. 112a, werden die an der Nadel entstehenden Schleifen von einem Greifer erfaßt und auf der anderen Seite fortgekettelt. Die Saumnaht entsteht, indem die Schleife nach Abb. 112b von einem Fadenaufnehmer um die Stoffkanten hinauf zum nächsten Stichloch geführt wird, wo die Nadel in dieselbe einsticht. Diese Naht ist noch weiter zur einfädigen Doppelkettenstich-Saumnaht entwickelt worden. Zwei Fadenaufnehmer führen die Schleife nach Abb. 112c auf beiden Seiten des Stoffes um das Stichloch.

Häufiger als die Einfadennähte werden die Zweifadennähte ausgeführt. Die einfachste ist die Doppelsteppstichnaht, Abb. 113. Die Schlingen des Nadel- oder Oberfadens werden durch den Unterfaden abgebunden, indem derselbe bei jedem Stiche einfach durchgezogen wird. Der Unterfaden ist deshalb auf eine Spule, Abb. 113a, gewickelt, die mit dem Schiffchen a durch die Schleife geschossen wird. Mit der Doppelsteppstich - Saumnaht, Ab-

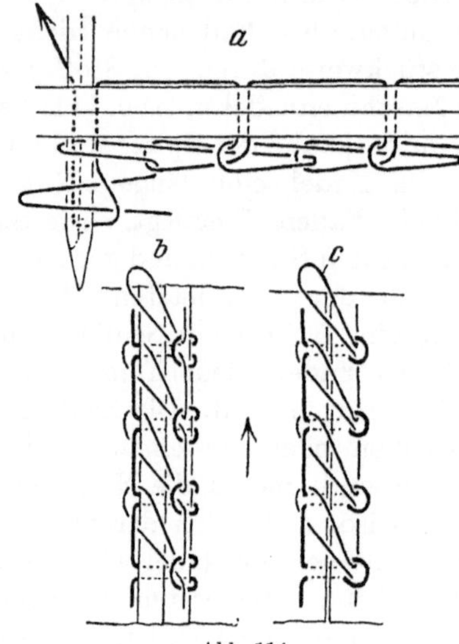

Abb. 114.

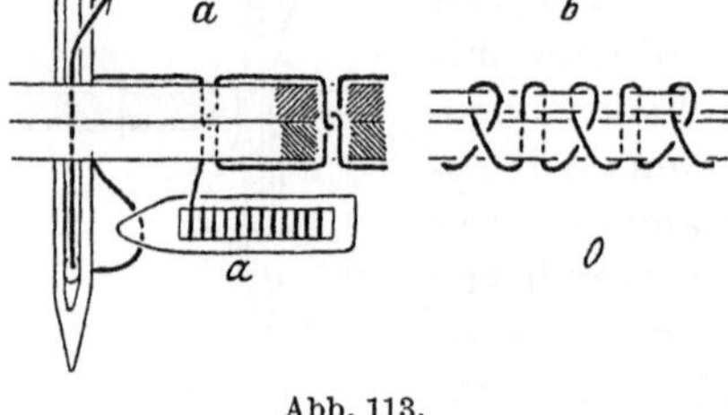

Abb. 113.

bildung 113b, werden die Knopflöcher eingefaßt. Die Doppelsteppstichnähte sind wenig dehnbar und werden deshalb nur zum Annähen von Webstoff an die Wirkware verwendet.

Von allen Nähten ist die Doppelkettenstichnaht die wichtigste. Der Nadelfaden wird nach Abb. 114a abgebunden, indem er auf der Unterseite des Stoffes abwechselnd mit dem Unterfaden ein Maschenstäbchen bildet, das abwechselnd aus Rechts- und Linksmaschen besteht. In der besonderen Ausführung dieser Naht zur Bandeinfassung mit Kreuzstich sind die Stichlöcher versetzt und gehen abwechselnd durch das Band und daneben durch den Stoff. Noch häufiger als die Obernaht wird die Saumnaht hergestellt, weil sie noch dehnbarer ist. Die Doppelkettenstich-Saumnaht, Abb. 114b und c, wird nach ihrer Anwendung unterschieden in die Naht für geschnittene und regulärgearbeitete Waren. Die Naht an geschnittenen Waren, Abb. 114b (Overlocknaht) muß weiter innen liegen und an dem Stoffe Bruchkanten bilden, damit sie den nötigen Halt findet. Die Schleifen des Unter-

fadens überdecken die emporstehenden Ränder und schützen sie vor
Auflösung. Mit der regulären Naht werden die Warenstücke ganz nahe
am Rande vernäht. Beim Ausbreiten der Ware können auch die Kanten
sich umlegen, Abb. 114c. Die Verbindung ist wulstfrei.

Um die geschnittenen Kanten noch besser zu überdecken, wurde
die Naht weiter entwickelt. In der Ausführung Abb. 115a besteht
der Stich statt aus zwei, aus drei
Schleifen, indem der Nadelfaden auch
noch mit sich selbst verkettet
wird. Die Naht wird dadurch
außerordentlich dehnbar. An Waren
mit sehr lockerem Gefüge muß die
Naht noch weiter nach einwärts verlegt werden, damit sie nicht ausreißt.
Sie kann dann nur noch Obernaht
sein. In diesem Falle verdeckt und
schützt man die abstehenden Ränder
durch eine besondere Überdecknaht.
Die beiden Stoffstücke werden bei *a*
in Abb. 115b mit einer Doppel-
kettenstich-Obernaht vernäht und
nach Ausbreitung der Ware wird

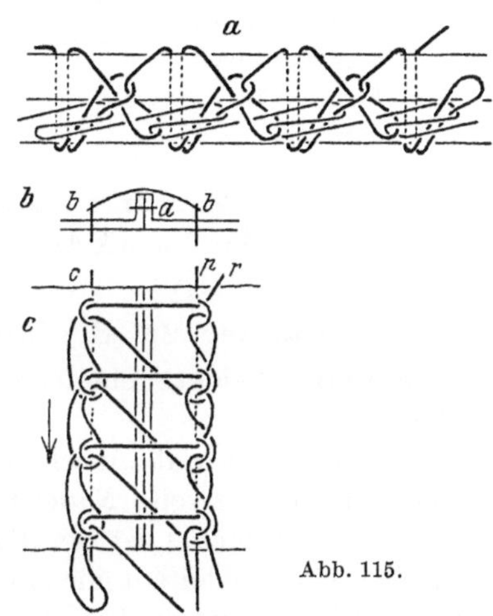

Abb. 115.

die Überdecknaht *b* ausgeführt. Diese besteht nach Abb. 115c aus zwei
Oberfäden *c* und *p*, die von einem Unterfaden *r* abgebunden werden.
Zwei nebeneinander liegende Nadeln stechen gleichzeitig in den Stoff
ein und die Schleife des Unterfadens wird durch beide Schlingen gezogen. Beim nächsten Stich wird dann die Schleife wieder mit den beiden Oberfäden verbunden, indem man sie um die Stichlöcher herumlegt.

Das Verketteln ist ein Zusammennähen zweier Stoffstücke an den
Maschenköpfen. Beim Verketteln mit der Hand werden die beiden
Waren auf eine Nadelreihe hintereinander so aufgestoßen, daß die gleichen
Seiten beisammenliegen, dann die rückwärtigen Maschenköpfe über
die vorderen abgeschlagen und diese wie in Abb. 91b abgekettelt.
Sind die Maschen für das Abketteln zu kurz, so schlägt man die beiden
Maschenkopfreihen erst über eine Langreihe ab, die dann abgekettelt
wird. Die Fadenlage der ausgebreiteten Ware ist in Abb. 116a gezeichnet,
woraus ersichtlich ist, daß der Handkettel als Naht betrachtet, eine
einfädige Kettenstich-Obernaht ist. Beim Verketteln auf der Kettel-
maschine werden die beiden Stoffstücke mit einer Saumnaht vernäht.
Die Maschenköpfe werden hintereinander auf die Nadeln der Kettel-
maschine aufgestoßen. Diese Nadeln haben eine Längsnut, in der die
Nähnadel beim Stiche sich führt, was notwendig ist, weil der Stich
genau durch die beiden Maschenköpfe gehen muß. Die Naht ist eine

Kettenstich-Saumnaht und wird entweder mit einem Faden, Abb. 116b (einfädiger Kettel), oder mit zwei Fäden, Abb. 116c (zweifädiger Kettel)

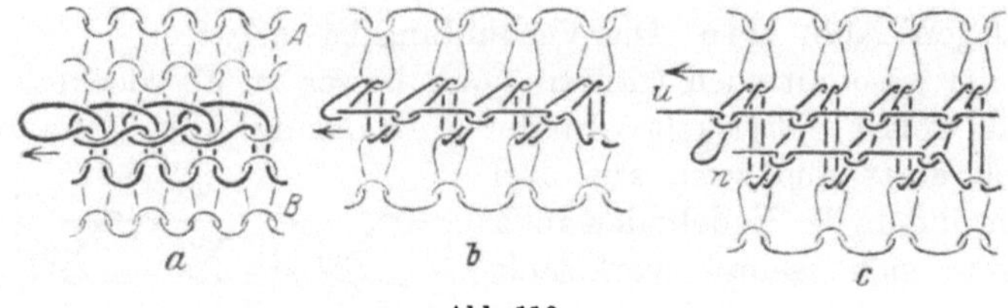

Abb. 116.

ausgeführt. Die Dehnbarkeit des Handkettels ist am kleinsten, jene des zweifädigen Maschinenkettels am größten.

Ränder zu Beginn des Warenstückes.

Man unterscheidet: einfache Ränder, Doppelränder und Randstücke.

Beim Beginnen mit Anschlagreihe, Abb. 117a, wird der Faden um jede oder jede zweite Nadel herumgewickelt (Reihe der Twistware Abb. 102a). Einfacher ist der Beginn mit einer gewöhnlichen Reihe. Man kuliert eine Schleifenreihe und hängt in dieselbe den Häkchenrechen a, Abb. 117b, ein, der sogleich belastet werden kann. Diese erste Reihe ist auflösbar und muß daher nachträglich abgebunden werden. Eine andere feste Anfangsreihe liefert die Rechts- und Rechtsware *1:1*.

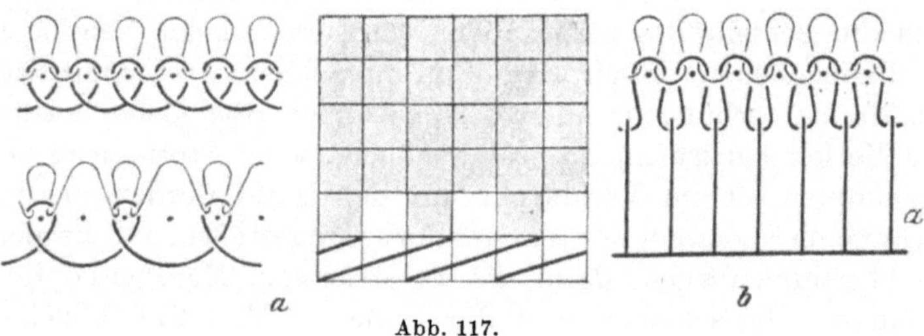

Abb. 117.

Sie ist leichter herzustellen und dehnbarer als die Anschlagreihe. Man beginnt mit einer solchen Reihe die Erzeugung von rundgeschlossener Ware auf der flachen Strickmaschine, indem man nach Abb. 118a bei A beginnend mit beiden Nadelreihen nach links strickt. Auf den Faden, der abwechselnd eine Nadel der vorderen und der rückwärtigen Nadelreihe umschlingt, wird ein Draht f, Abb. 118b, gelegt, der durch die durchlochten Stifte des Rechens a geht, in welchen man die Abzugsgewichte einhängt. Auf dieser Netzreihe wird sogleich rund fortgestrickt. Die Netzreihe schließt den Warenschlauch nach unten ab und wird bei der weiteren Verarbeitung des Warenstückes durchschnitten. Bei der Herstellung von glatter Rechts- und Rechtsware wäre eine besondere Anfangsreihe nicht erforderlich. Da aber an der ersten Reihe die ersten Bindungen fehlen, so legen sich die Maschen nicht dicht aneinander.

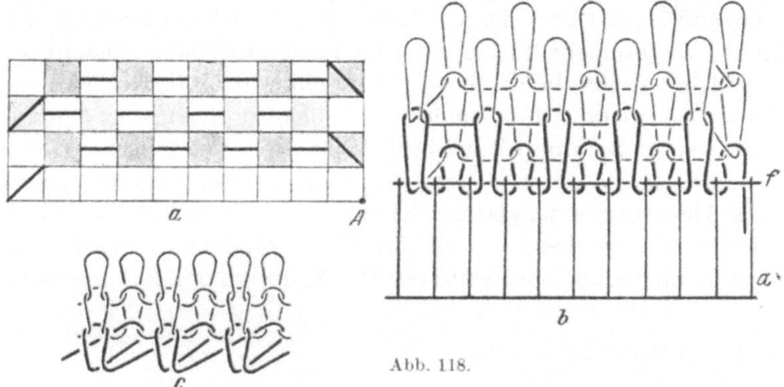

Abb. 118.

Der Rand klafft auseinander. Es ergeben sich auch Schwierigkeiten beim Einschließen der Netzreihe, weil die Nadeln auf beiden Seiten zugleich hinaufgehen. Man versetzt deshalb die eine Nadelreihe um eine Teilung, wodurch die Schleifen der Netzreihe sich überkreuzen, Abb. 118c. Der Rand wird dadurch fester und läßt sich leichter herstellen.

Um an der Links- und Linksware einen fehlerfreien Rand zu erhalten, verfährt man nach Abb. 119, folgendermaßen. Man arbeitet zuerst einige Reihen, bevor die erste Reihe des Warenstückes hergestellt wird. Für diesen Anfang wird ein fester Faden wie in Abb. 118b der Draht f, in den Kamm eingezogen und in die Nadeln eingehängt. Über den Faden wird die erste Reihe abgeschlagen. Der gespannte Faden kann keine Maschen bilden, er verbindet nur die erste Reihe mit dem Kamm. Dann werden einige Reihen linksundlinks gearbeitet. Das Warenstück beginnt erst bei der Rechts- und Rechtsreihe. Diese wird versetzt und liefert einen Anfang etwa wie in Abb. 118c. Das zuerst hergestellte Stück wird später abgeschnitten. Schließlich wird die vordere Nadelreihe mit den Rechtsmaschen so weit verschoben, daß die Nadeln wieder an die ursprüngliche Stelle kommen. Der Versatz ist demnach um zwei Teilungen nach rechts, aber bloß um eine Teilung zurück, auszuführen. Hierbei wird angenommen, daß die Anzahl der Nadeln eine gerade ist. Wäre sie eine ungerade, oder würde man den Versatz entgegengesetzt ausführen, so fiele die Anfangsreihe fehlerhaft aus.

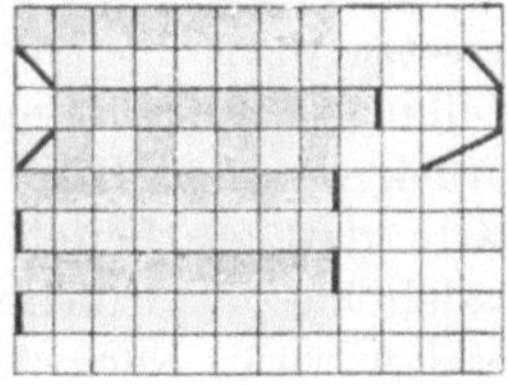

Abb. 119.

Die erste Reihe des Warenstückes ist oftmals auch an dem Gebrauchs-
gegenstande ein Rand und wird als solcher beim Gebrauche besonders
stark beansprucht. Man schließt das Warenstück aus diesem Grunde
meist mit einem Doppelrande ab. Ein Doppelrand an Rechts- und
Rechtsware entsteht, wenn man wie in Abb. 118a, mit einer Netzreihe
beginnt und erst nach einigen Runden in Rechtsundrechtsstricken
übergeht. Die doppelte glatte Ware ist nicht nur fester, sondern auch
weniger dehnbar als die Rechts- und Rechtsware. Strickt man nach
der Netzreihe nicht rund, sondern auf beiden Nadelreihen zugleich
flach glatt, so ist der Doppelrand beiderseits offen (französischer Doppelrand). Nach einer anderen Herstellungsart entsteht der Doppelrand
durch ein Umschlagen der glatten Reihen, wovon ein Beispiel in Abb. 120
gezeichnet ist. In diesem Falle ist Patentränderware durch einen
Doppelrand abzuschließen. Unten ist die Nadelstellung *2:2* angegeben.

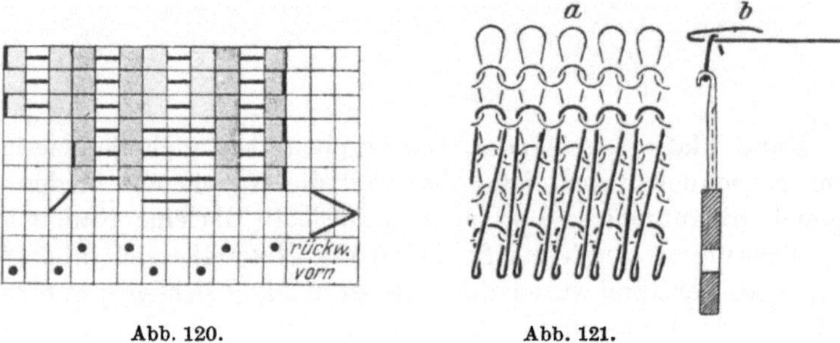

Abb. 120.   Abb. 121.

Vor Herstellung der Netzreihe wird die eine Nadelreihe nach rechts
versetzt (wie rechts angegeben ist), weil dann die Nadeln erst die richtige
Stellung (*1:1*) erhalten und, nachdem die Netzreihe gelegt ist, wieder
zurück versetzt. Hierauf wird das vordere Schloß abgestellt und rückwärts glatt gearbeitet. Währenddem halten die Nadeln der vorderen
Nadelreihe die Schleifen der Netzreihe fest, wodurch die glatte Ware
gefaltet wird. Nach Ausführung einiger Reihen beginnt man mit der
Herstellung der Patentware, indem man auch das vordere Schloß
einrückt.

Der Doppelrand an glatte Ware wird entweder aufgehängt oder er
wird angekettelt. Man fängt das Warenstück mit einem Rechen wie
in Abb. 117b an und arbeitet einige Reihen. Die am Aufhängerechen
Abb. 121b, befindlichen Platinenmaschen der ersten Reihe werden
dann auf die Nadeln übertragen, Abb. 121a. Zur Ausführung dieses
Aufdeckens haben die Rechennadeln auf der Rückseite eine Nut, in die
beim Auflegen die Nadelspitze zu liegen kommt. Nach dem Übertragen
der Platinenmaschen werden die Häkchen durch eine Drehung des
Rechens herausgezogen. Das Aufhängen des Doppelrandes geht leichter

vor sich, wenn die erste Reihe eine Langreihe ist. Beim Anketteln des Doppelrandes wird das im übrigen fertiggestellte Warenstück mit der ersten und einer der folgenden Reihen auf eine Nadelreihe aufgestoßen, über eine Langreihe abgeschlagen und diese abgekettelt. Mitunter wird der Doppelrand auch bloß angenäht.

Das Randstück ist eine weitere Entwicklung des Abschlusses eines Teiles am Gebrauchsgegenstand. Es besteht meist aus einem Stück der elastischen glatten Rechts- und Rechtsware oder der Patentränderware und endet mit einem Doppelrande. Die Randstücke werden gewöhnlich anschließend erzeugt und das Band später geteilt. Jedes Stück wird mit einer Langreihe beendet, worauf die Schutz- und Trennreihen folgen. In Abb. 122 sind zwei regulär - gearbeitete Randstücke gezeichnet. An dem flach gewirkten Randstücke, Abb. 122a, sind a die letzten Reihen des zuvor hergestellten Stückes, b ist die Langreihe, c sind die Schutz- oder Draufreihen, d ist eine Fangreihe, e eine glatte Rechts- und Rechtsreihe, deren Linksmaschen abgesprengt wurden, f sind zwei Schneidreihen und g ist der Doppelrand oder der Kopf. Mit den Reihen h beginnt die Rechts- und Rechtsware des Randstückes. Da sich die abgesprengten Maschenköpfe umlegen und die glatten

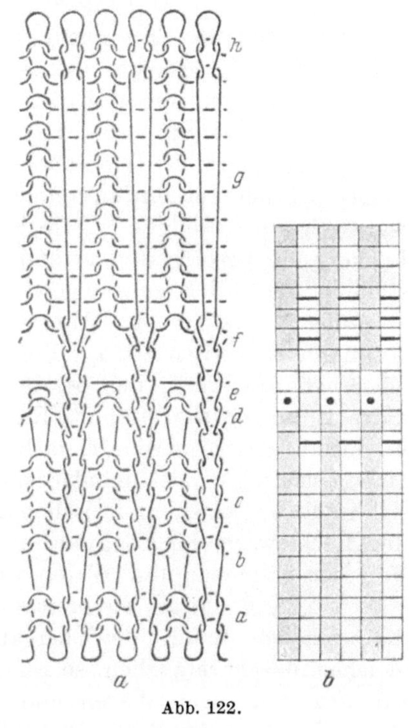

Abb. 122.

Schneidreihen schwächer sind, so entsteht für den auszuführenden Schnitt eine Furche. Bei der Herstellung von halbregulär-gewirkten Randstücken sind die Bänder durch Laufmaschenstäbchen voneinander getrennt, längs welcher der Schnitt geführt wird. Das regulärrundgestrickte Randstück in Abb. 122b ist ähnlich zusammengesetzt. Die abgesprengten Maschenköpfe sind durch Punkte kenntlich gemacht. Die Rechts- und Rechtsware beginnt mit einigen Perlfangreihen.

Man zerstückelt ein Band von fortlaufend gestrickten Stücken auch noch auf andere Weise als durch Zerschneiden. Statt der Schneidreihen wird ein Trennfaden eingearbeitet. Als solcher wird entweder ein fester Zwirnfaden oder ein schwacher Faden einfachen Garnes verwendet. Der erstere wird herausgezogen und damit dieses leichter geschehen kann, wird die erste Reihe beim Netz lockerer hergestellt, oder man sprengt die Maschenköpfe auf der einen Seite ab. Im anderen Falle wird die Netzreihe im Gegenteil recht fest gearbeitet und man zerstückelt das Band durch Zerreißen.

Arbeitsweisen.

a) Ursprüngliche Formstücke.

Manche Waren (Stoffstücke) werden ohne weiteres als Bestandteile eines Gebrauchsgegenstandes verwendet. Schlauchwaren und flache Waren in der geeigneten Länge und Weite liefern Ärmel, Leibstücke zu Hemden, Hosenbeine u. a. Es empfiehlt sich der einfachen Herstellung wegen, das Netz des Gebrauchsgegenstandes möglichst aus solchen ursprünglichen Formen zusammenzusetzen. Die Weite der Schlauchware oder die Breite eines flachen Warenstückes kann ferner durch Locker- und Festarbeiten verändert werden. Indem man bei der Herstellung der aufeinanderfolgenden Reihen die Kuliertiefe allmählich vergrößert, entsteht eine Ware von zunehmender Breite. Die Verlängerung der Schleifen hat zur Folge, daß sich die Maschen voneinander entfernen bzw. nach der bei der Warennumerierung gegebenen Erklärung die N_m sich ändert. Eine andere Art, die Breite zu ändern, beruht auf der Eigenschaft, nach welcher die Waren in verschiedenem Maße einspringen oder dehnbar sind. Bedeutende Unterschiede ergeben sich in dieser Beziehung zwischen der glatten Ware, der glatten Rechts- und Rechtsware, der Fangware und der glatten Links- und Linksware. Von den erstgenannten Waren ist bei gleicher Anzahl der Maschenstäbchen die Fangware die breiteste, die glatte Rechts- und Rechtsware die schmalste. Erfolgt der Übergang von dieser in die Fangware in den gleichen Maschenstäbchen, so ist derselbe nicht als eine Netzlinie aufzufassen, denn beide Waren sind Rechts- und Rechtswaren (ein Teil). Beim Übergang in glatte Ware können sich aber nur entweder die Rechts- oder die Linksmaschenstäbchen fortsetzen. Die beiden Waren sind durch eine Netzlinie getrennt, in der Gesamtheit aber, d. i. als Links- und Linksware, nicht getrennt.

Zwischen der Rechts- und Rechtsware und der Links- und Linksware besteht der Unterschied, daß die erste in der Richtung der Reihe, die andere in der Richtung des Stäbchens in bedeutenderem Maße einspringt. Darauf ist die folgende Anwendung begründet. Man erzeugt nach Abb. 123a ein Warenstück, in welchem die Rechts- und Linksmaschen im mittleren Teile nach Art der Rechts- und Rechtsware (etwa *2:2*), in den seitlich eingesprengten Teilen nach Art der Links- und Linksware (etwa *3 : 3*) verteilt sind. In diesen Teilen wird die Ware in verschiedenen Richtungen einspringen und, da sie eine größere

Ausdehnung besitzen, sich auch in bedeutenderem Maße zusammen-
ziehen. Die Ware ist in der Gesamtheit eine Links- und Linksware,
die infolge der Zugspannungen in den beiden zueinander senkrechten
Richtungen eine gekrümmte Form annimmt. Wird sie um die Achse x
gefaltet und vernäht, so erhält
man aus dem Warenstück von ursprünglich rechteckiger Form den
Kniewärmer, Abb. 123b.

Bei der Herstellung der Stücke
oder der Verbindung derselben
ist auch die Dehnbarkeit zu berücksichtigen. Strümpfe, Ärmel
u. a. sollen der Länge nach weniger dehnbar sein als der Breite
nach. Da die meisten Kulierwaren
in der Richtung der Reihe dehnbarer sind als in der Richtung des
Stäbchens, so ist die Arbeitsrichtung schon von vornherein gegeben. Im allgemeinen wird man

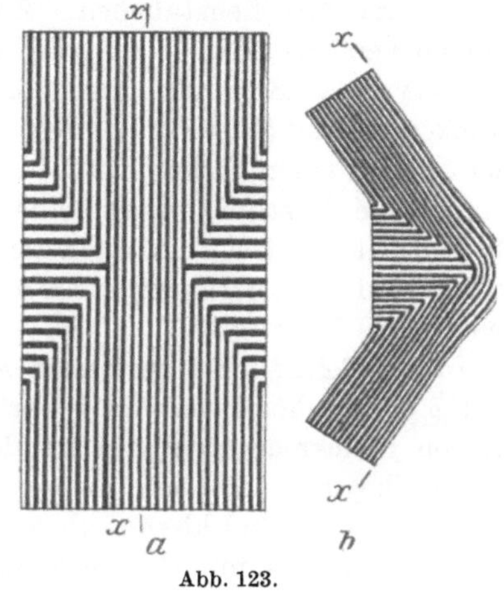

Abb. 123.

Warenränder von gleicher Dehnbarkeit miteinander verbinden. Im
anderen Falle entstehen Falten oder im Gebrauche· eine stärkere Be-
anspruchung der weniger dehnbaren Kante.

b) Das Anarbeiten.

Arbeitet man auf einer Nadelreihe mit zwei oder mehreren Faden-
führern, deren Bahnen nebeneinander liegen, so spricht man von einem
mehrteiligen Arbeiten. Es entstehen mehrere nicht zusammenhängende

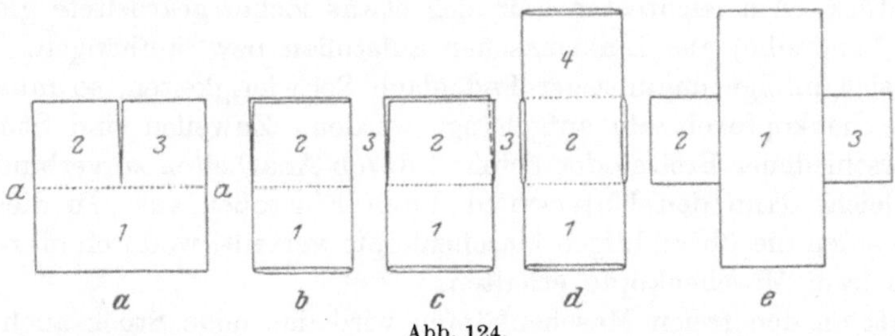

Abb. 124.

Warenstücke zugleich. Läßt man die Fadenführer auf verschiedene
Breiten nacheinander legen, so sind die Stücke miteinander verbunden,
wenn die Maschenstäbchen sich von einem Stück in das andere fortsetzen. Nach Abb. 124a werden an den Teil *1* die Teile *2* und *3* angearbeitet, indem der über die ganze Breite arbeitende Fadenführer

Schmitz, Wirkereilehre I. 7

ausgerückt und an dessen Stelle zwei Fadenführer eingerückt werden, mit welchen man die Ware fortsetzt. Die Übergangstelle unterscheidet sich nicht von der übrigen Ware. Die Möglichkeit, eine derart vollkommene Verbindung herzustellen, beruht auf der Art des Zusammenhanges im Maschenstäbchen. Zwei aufeinander folgende Maschen können verschiedenen Warenstücken angehören, denn das eine Stück, das mit einer Kopfreihe endet und die Anfangsreihe des nächsten Stückes sind mit einer zweiten bzw. ersten Bindung verheftet und können aus verschiedenen Fäden bestehen. Die Linie a ist zwar der Herstellung wegen eine Netzlinie, aber keine Trennungslinie und man kann die Gesamtheit der drei Teile auch als ein Formstück ansehen. Der Unterschied wird noch geringer, wenn man den Teil 2 oder 3 mit dem Faden des Teiles 1 fortsetzt.

In der gleichen Art wird nach Abb. 124b an den rundgeschlossenen Teil 1 ein flaches Stück 2 angearbeitet. Bei der Herstellung auf der flachen Strickmaschine arbeitet der Fadenführer zuerst abwechselnd eine Reihe mit der rückwärtigen und eine Reihe mit der vorderen Nadelreihe usw. und hierauf abwechselnd zwei Reihen mit der vorderen und zwei Reihen mit der rückwärtigen Nadelreihe usw. Man nennt die letztere Arbeitsweise Halboffenstricken. Das Formstück, Abb. 124c erhält man durch Anarbeiten von zwei flachen Teilen. Schließt man nach Abb. 124d die Ware wieder durch den rundgeschlossenen Teil 4, so erhält man einen Schlauch mit zwei Öffnungen (Ärmellöcher). Werden nicht sämtliche Maschenstäbchen in das neue Stück fortgesetzt, oder wird das Warenstück von der Nadelreihe abgenommen und folgt das Anarbeiten erst nachträglich, so fügt man auf die letzte Kopfreihe einige Schutzreihen hinzu. Sie verhindern das Auftrennen und erleichtern das Aufstoßen der letzten Reihe, d. i. das Anschlagen für das neue Stück. Am leichtesten läßt sich etwas locker gearbeitete glatte Ware (Langreihe) aus Linksmaschen aufstoßen bzw. aufhängen. Ergeben sich infolge ungünstiger Fadenlage Schwierigkeiten, so müssen die Maschenköpfe einzeln aufgehängt werden. Zuweilen sind Stücke von verschiedener Breite oder Feinheit durch Anarbeiten zu verbinden. Man gleicht dann den Unterschied durch Einstoßen aus. In diesem Falle werden die überzähligen Maschenköpfe verteilt, wodurch einzelne Nadeln zwei Maschenköpfe erhalten.

Statt an den freien Maschenköpfen wird das neue Stück auch an Maschen angearbeitet, die bereits beide Bindungen haben. Nach Abb. 124e wurden an das Stück 1 die Teile 2 und 3 an den Randmaschen angearbeitet. Es entsteht eine, die Teile deutlich trennende Netzlinie. Da die Randmaschenköpfe mit dem neuen Faden noch einmal die zweite Bindung bilden und die Übergangsstelle auch die dreiteiligen Randmaschen enthält, so ist sie verstärkt. Man bleibt beim Aufstoßen

gewöhnlich im Randmaschenstäbchen oder in dem daneben befindlichen
Platinenmaschenstäbchen. Nur an geschnittenen Kanten hält man sich
nicht so genau daran. Da man günstigen Falles (glatte Ware) ein
Warenstück auch mit den Platinenmaschen der Anfangsreihe verbinden
kann, so stehen für das Anarbeiten alle Ränder zur Verfügung, und es
kann ein Warenstück selbst an ein- oder vorspringende Ecken angeschlossen werden. Eine schiefe Netzlinie mit weiter innen liegenden
Anschlußmaschen kommt selten vor.

Zu dieser Art der Warenbildung ist schließlich noch die Zusammensetzung durch Split- (Abb. 106) und Schußverbindung (Abb. 107)
zu rechnen. Der Übergang findet ohne Verstärkung statt und die
Splitverbindung kann auch schief verlaufen, doch sind diese Verfahren
schwieriger.

c) Das Zunehmen und Einarbeiten von Reihen.

Das Netz eines Gebrauchsgegenstandes wird um so genauer, je
kleiner die Netzflächen sind. Im allgemeinen kann jede beliebig ge-
staltete Raumfläche aus mehr oder weniger großen ebenen Flächen-
stücken zusammengesetzt werden. Die Masche (das Bindungsviereck)
ist zwar ein hinreichend kleines Elementarstück, doch ergeben sich
wegen der Gleichheit der Maschen und aus Herstel-
lungsgründen (Entstehung in Reihe und Stäbchen,
Fadengang) wesentliche Beschränkungen, weshalb
der freie Aufbau des Gebrauchsgegenstandes nicht
möglich ist. Das Zunehmen und Einarbeiten von
Reihen ist unter den gegebenen Verhältnissen noch
das beste Verfahren, denn durch Zunehmen läßt
sich die Anzahl der Maschen in den Reihen ver-
mehren und durch das Einarbeiten können die Stäbchen mit verschiedener Anzahl von Maschen hergestellt werden. Eine entsprechende Verteilung der
Maschen in diesen zueinander senkrechten Richtungen
liefert wegen der genannten Beschränkungen zwar
noch nicht alle, aber doch mannigfache ebene und
gekrümmte Formstücke.

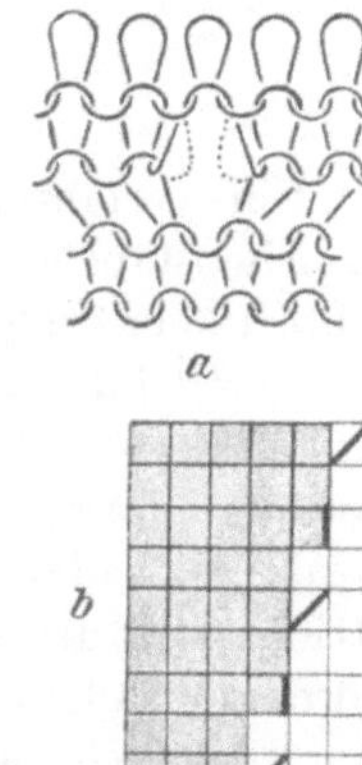

Abb. 125.

Ein neues Stäbchen beginnt gleichwie am Anfang (Abb. 117b)
auch im Inneren der Ware mit einer Schleife ohne erste Bindung. Das
Maschenstäbchen in Abb. 125a hat einen festen Anfang, denn ein
einzelnes Nadelmaschenstäbchen trennt nach aufwärts nicht auf,
und die beiden danebenbefindlichen Platinenmaschenstäbchen sind
ohnedies abgebunden. Man kann also zwischen zwei alten ein neues
Stäbchen einfügen. Dagegen ergeben zwei neue Stäbchen in der glatten
Ware einen freien Platinenmaschenkopf und sind auftrennbar. Durch

das Einreihen des neuen Stäbchens verschiebt sich die Teilung der anderen, ein Umstand, der für die Herstellung von Bedeutung ist, da die Teilung der Nadelreihe erhalten bleiben muß. Flache Waren werden deshalb stets am Rande zugenommen. Das Zunehmen wird nach Abb. 125b ausgeführt, indem man durch eine Legung unter eins den Faden um die nächste Nadel herumschlingt bzw. auf der flachen Strickmaschine die nächste Nadel einrückt. Die neue Randschleife hat keine erste Bindung, daher bleibt das Bindungsviereck leer. Rundgeschlossene Ware kann am Rande zugenommen werden, wenn man sie auf zwei flachen Nadelreihen (Strickmaschine) erzeugt.

In dieser Art ausgeführt, enthält das Zunehmen keine Arbeiten, die nicht schon in der Maschenbildung enthalten wären, und man kann daher die Reihen ohne Unterbrechung fortarbeiten. Der Stoff entsteht zugleich als Formstück. Nachteilig an den zugenommenen Waren sind die längeren Henkel am Beginn des Stäbchens (Lockerung des Gefüges am Rande), die stufenförmig zunehmende Breite der flachen Ware (ungünstig für das Vernähen) und die Öffnungen in der rundgeschlossenen Ware.

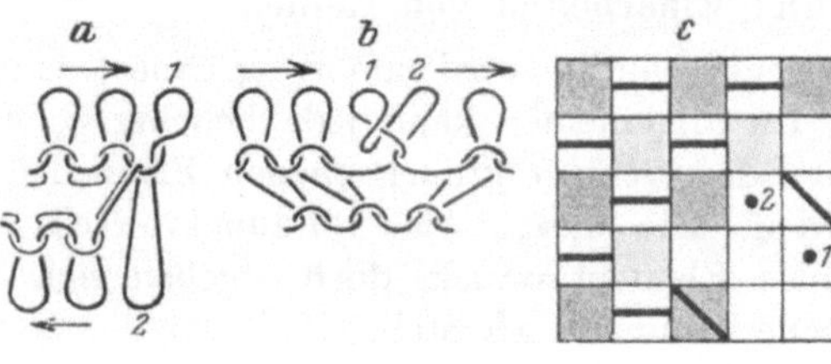

Abb. 126.

Ein Verfahren für das Zunehmen von gestrickter Ware um zwei Maschenstäbchen, das Abbinden und Schließen der Öffnung, ist nach Abb. 126 das folgende. Die zugenommenen Maschen sind in Abb. 126a und b mit *1* und *2* bezeichnet. Die Fadenlage ist zuerst so gezeichnet wie sie entsteht und dann noch die ausgebreitete Ware (linke Seite) dargestellt. Nach der Ausbildung der Linksmaschenreihe, Abb. 126b, wird die Nadel *1* der rückwärtigen Nadelreihe eingerückt. Hierauf strickt man die vordere Reihe nach links und schiebt die Nadel *2* der vorderen Nadelreihe soweit hinauf, daß beim Stricken der darauffolgenden Linksreihe nach rechts, sowohl die Nadel *2* als auch die Nadel *1* den Faden erfaßt (Netz). In der darauffolgenden Rechtsreihe befindet sich dann auf der Nadel *2* schon eine Schleife, d. i. die Platinenmasche links von *1* in Abb. 126a, welche mit der Schleife *2* eine Rechtsbindung eingeht. Dieses aus den Maschen *1* und *2* bestehende Stückchen von Rechts- und Rechtsware bindet somit nicht nur die neuen Maschenstäbchen ab, sondern es schließt auch die Öffnung, die sonst entstehen würde. Auf die gleiche Weise erhält man einen festen Rand auch beim Zunehmen von Rechts- und Rechtsware.

Bei der Herstellung von Warenstücken in Bändern kommt es vor, daß die Breite der Reihe, in der das neue Stück begonnen wird, um eine größere Anzahl von Maschen zunimmt. Die neuen Stäbchen werden dann wie am Anfang mit Anschlagreihe, Netzreihe oder Rechen begonnen. Der dem Zunehmen entgegengesetzte Vorgang ist das Abnehmen. Durch die Verminderung der Breite entstehen offene Maschenköpfe und ein Abnehmen am Rande mit fester Kante ist nicht möglich (Schutzreihen).

Das Einarbeiten von Reihen ist ein Ab- und Zunehmen in den inneren Teilen des Warenstückes. Beim Abnehmen bleiben die Maschenköpfe der Stäbchen, um welche die Breite der Ware vermindert wird, auf den Nadeln hängen und beim Zunehmen werden diese Nadeln wieder in Gang gesetzt. Es wird also die Anzahl der Stäbchen weder vermehrt noch vermindert. Alle Stäbchen bleiben erhalten und nur die Anzahl der Maschen in denselben wird durch das zeitweilige Abstellen von Nadeln vermindert. Das Stäbchen wird niemals unterbrochen und ist daher auch beim Abnehmen stets abgebunden. In Abb. 127 sind diejenigen Maschen verlängert gezeichnet, wo infolge des Abstellens der Nadel die Bindungen fehlen. Die Ränder der keilförmig einspringenden Ecke sind miteinander verbunden, also auf eine vollkommene Art angearbeitet. Die Arbeitsweise ist die gleiche wie für hinterlegte Ware, doch entstehen keine freiliegende Fadenstücke, weil der Fadengang auf derselben Nadel umkehrt. Da-

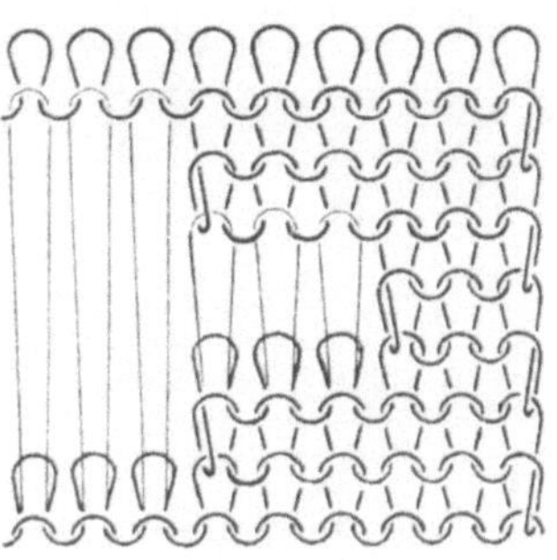

Abb. 127.

für treten im Inneren der Ware Randmaschen auf und mangels der Seitenverbindung bilden sich Öffnungen. Erfolgt die Umkehr wiederholt bei demselben Maschenstäbchen, so treffen noch mehr Randmaschen zusammen. Das Entstehen der Öffnungen wird vermieden, wenn die zweite (zweiteilige) Randmasche infolge einer Legung unter eins wegfällt, oder anstatt derselben nur der Henkel gefangen wird.

Die Herstellung des sogenannten Spikels an Links- und Linksware besteht in dem Einarbeiten schmaler, keilförmiger Stücke. Damit das Formstück flach ausfällt, werden die Reihen bis an den Rand gearbeitet und mit einer größeren Anzahl von Maschen zu- und abgenommen. Bei der Umkehr des Fadenganges fängt die Nadel den Faden und die dreiteilige Randmasche wird nach Abb. 128a erst in der nächsten Reihe zusammen mit dem Henkel abgebunden. Da die zweiteilige Randmasche fehlt, so bildet sich keine Öffnung. Außerdem sind noch die Umkehrstellen beim Zunehmen versetzt, damit sie nicht in dasselbe Maschenstäbchen fallen und zusammentreffen. Um statt eines flachen ein räumliches Formstück herzustellen, ist ein breites Keilstück einzuarbeiten. Die Arbeitsweise für das Zu- und Abnehmen an glatter Ware um je eine Masche ist in Abb. 128b dargestellt. Sie ist im übrigen die gleiche, indem bei der Umkehr das Stäbchen um die zweiteilige Randmasche verkürzt bzw. an deren Stelle nur der Henkel eingebunden wird. Eine andere Arbeitsweise ist in Abb. 128c angegeben. Die glatte Ware wird um zwei Maschen ab- und zugenommen. Die Öffnungen werden durch eine Legung unter eins geschlossen und der Faden noch um die bereits bzw. noch abgestellte Nadel geschlungen. In diesem Falle ist die zweiteilige Randmasche vorhanden und der aufsteigende Faden der dreiteiligen Randmasche dafür seitwärts von der zweiteiligen Randmasche als Henkel eingebunden.

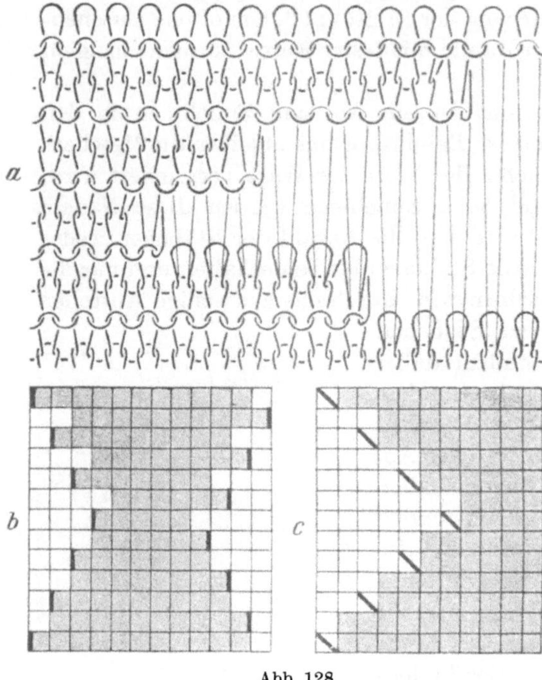

Abb. 128.

d) Das Decken.

Man kann das neue Maschenstäbchen in Abb. 125a ohne Hinzufügung von einer neuen Nadel und den dadurch notwendigen Verschiebungen der anderen Nadeln beginnen, wenn man eine Nadel für dasselbe freilegt, indem man alle rechts oder links von der Stelle befindlichen Maschenköpfe der Reihe auf die nächste Nadel überträgt. Die Arbeitsweise der Stechware wird derart zur Herstellung von Formstücken angewendet und Ausdecken oder Weitern genannt. Dasselbe kann wie das Zunehmen nur auf einer flachen Nadelreihe, d. h. wenn am Rande noch freie Nadeln vorhanden sind, ausgeführt werden. Die entstehenden Öffnungen werden geschlossen, indem man auf die leere Nadel einen Maschenkopf der unteren Reihe überhängt und damit, nach Abb. 129a, das neue Maschenstäbchen mit einem der schon vorhandenen abbindet. Der dem Abnehmen entsprechende Vorgang heißt Eindecken oder

Mindern. Man überträgt vom Rande aus einen oder mehrere Maschenköpfe nach einwärts. In Abb. 129b ist der letzte Maschenkopf der zweiteiligen Masche des Randstäbchens, um das die Breite der Ware gemindert wird, in das danebenbefindliche Maschenstäbchen hinübergeleitet und dort abgebunden. Das Mindern und Weitern liefert einen festen und geraden (nicht stufenförmigen) Rand und darin liegt hauptsächlich die Bedeutung für die Herstellung von Formstücken. Da nur die Anzahl der Maschen der Reihe verändert werden kann, so sind keine anderen als nur flache Formstücke herstellbar. Das Zu- und Abnehmen ist also weit ergiebiger. Auch kann die Bildung der Form nicht zugleich

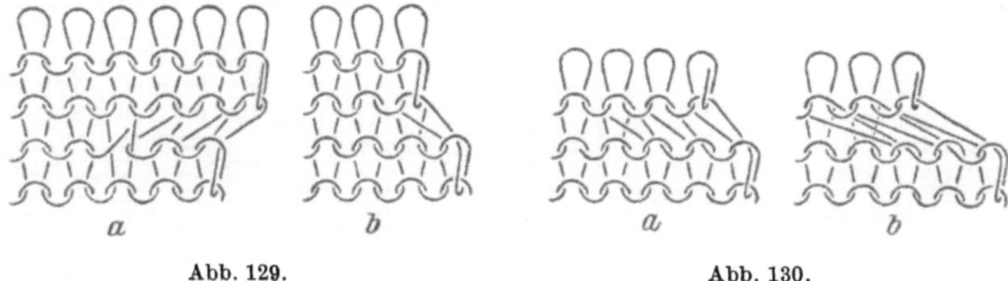

Abb. 129.   Abb. 130.

mit der Reihenbildung stattfinden. Die Herstellung der Formstücke ist daher schwieriger und zeitraubender.

Zum Decken auf der Strickmaschine benützt man den Decker, Abb. 94, an dem 3 oder 4 Decknadeln in der Teilung der Nadelreihe befestigt sind. Überträgt man mehrere Maschenköpfe zugleich, so rückt das Stäbchen, um das gemindert wird, und die Doppelmasche (Abb. 130a) um ebenso viele Maschen nach einwärts. Beim Mindern um zwei Stäbchen überhängt man die letzten Maschenköpfe um zwei Nadeln nach einwärts (Abb. 130b). Das Mindern um mehr als zwei Stäbchen ist nicht üblich.

In Abb. 131 sind weitere Ausführungen des Deckens dargestellt. Beim Mindern von Rechts- und Rechtsware muß man auf den beiden Nadelreihen nacheinander decken. Nach Abb. 131a ist glatte Rechts- und Rechtsware auf beiden Seiten um je eine Nadel eingedeckt und dasselbe wie ein einmaliges Decken dargestellt. Das Decken um zwei Nadeln ist schwieriger, da die Maschen tatsächlich um die doppelte Anzahl übertragen werden. Man wird in diesem Falle Zerrungen der Maschen vermeiden, wenn man dreimal deckt. Zuerst werden nach Abb. 131b die Linksmaschen um eine Nadel, dann die Rechtsmaschen um zwei Nadeln und schließlich wieder die Linksmaschen nochmals um eine Nadel eingedeckt. Auf noch größere Entfernungen sind die Maschenköpfe beim Decken von Patentränderware, Abb. 131c, zu übertragen, weil beiderseits Nadeln gezogen sind. Überträgt man auf jeder Seite mehr als nur zwei Maschen, so sind die Decknadeln in den

Decker der Nadelstellung entsprechend einzusetzen. Perlfangware
kann nach Abb. 131d wie Rechts- und Rechtsware gedeckt werden,
wenn die Maschenköpfe der Rechts- und Rechtsreihe übertragen werden.
Ungünstiger liegen die Verhältnisse beim Decken von Fangware.
Es wird dadurch erschwert, daß auf den Nadeln immer auch Henkel
vorhanden sind, die man mit der Decknadel nicht so sicher fassen kann
wie die Maschenköpfe. Man mindert daher nach Abb. 131e in zwei
Reihen (also viermal) und auf jeder Seite dann, wenn auf den Nadeln
nur Maschenköpfe vorhanden sind, oder es werden nach Abb. 131f
zuerst die Henkel der Rechtsmaschenreihe in der erforderlichen Anzahl
abgeschlagen, wonach nur noch Maschenköpfe zu überhängen sind.

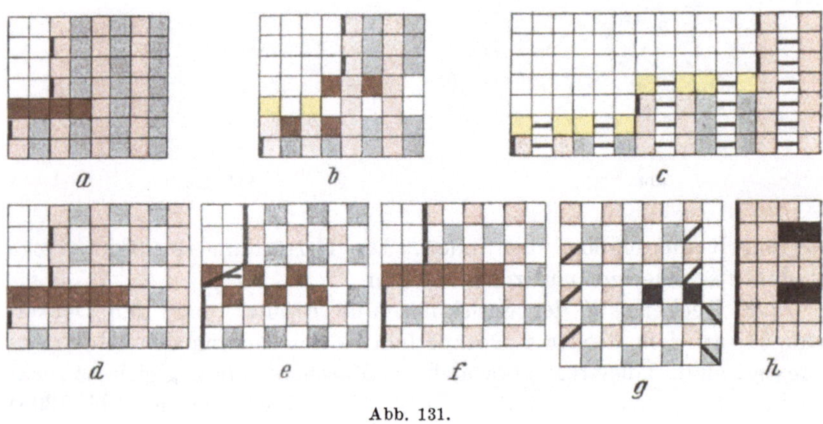

Abb. 131.

Auch die rundgeschlossene glatte Ware wird gewöhnlich vorne und
rückwärts gemindert und die Anzahl der Stäbchen um zwei oder vier
verkleinert. Soll die Breite des Warenstückes nicht so stark abnehmen,
so muß man einseitig decken. Von dem gefalteten Schlauche, der
auf zwei flachen Nadelreihen entsteht, wird eine Hälfte vorn, die
andere rückwärts hergestellt, und die Randstäbchen sind um eine
halbe Teilung voneinander entfernt. Wird nach Abb. 131g nur
vorne gemindert, so vergrößert sich die Entfernung des neuen, vorderen vom rückwärtigen Randstäbchen um eine auf eineinhalb
Teilungen. Man überhängt deshalb den letzten Maschenkopf nach
dem Decken von rückwärts nach vorn. Das kommt in der Fachzeichnung zum Ausdrucke am Fadengang und dadurch, daß die Anzahl der vorderen Stäbchen die gleiche bleibt. Zeichnet man die
rundgeschlossene Ware wie in Abb. 27b mit in derselben Teilung
hintereinander liegenden Stäbchen, so ist das Decken nach Abb. 131h
darzustellen. Der Rand rückt erst nach einwärts, nachdem das zweite
Mal gedeckt wurde.

An den Handkulierstühlen wurde zum Decken die in Abb. 132 dargestellte Deckmaschine verwendet. Mit derselben wird die Ware rechts und links zugleich gedeckt. Die mit Spitzendecknadeln a, Abb. 92 b, versehenen Decker a und b sind an den Deckschienen a_1 und b_1 befestigt, die sich entgegengesetzt gleich bewegen lassen. Die Deckschienen sind deshalb mit der Kette c verbunden, welche über die Achse d gelegt ist. Ein nach abwärts gerichteter Handgriff mit Kerbenscheibe e ermöglicht die genaue Verstellung der Decker um je eine Nadelteilung. Die ganze Einrichtung befindet sich auf der Deckbarre f, auf welcher die Deckschienen mit Nut und Bolzen g geführt werden. h ist eine Stellschraube

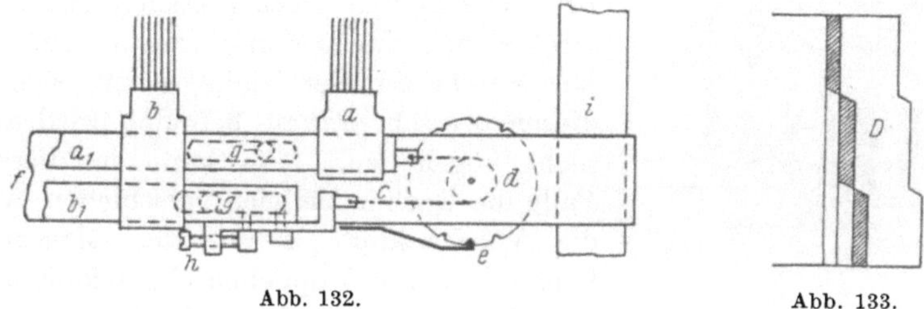

Abb. 132.   Abb. 133.

zum gegenseitig genauen Einstellen der Decker. Die Barre ist auf beiden Seiten längs der festen Arme i wagrecht, zur Bewegung in die Stuhlnadeln verschiebbar.

Das Decken auf der Hakennadelreihe ist noch weiter ausgebildet worden. Je nachdem man in jeder, in jeder zweiten, dritten usw. Reihe deckt, erhält man einen mehr oder minder schiefen Rand. Ist die Anzahl der Reihen zwischen zwei Minderungen stets die gleiche, so verläuft der Rand gerade, sonst krumm. Das Stück D, Abb. 133, zwischen dem Rande und den abgesetzten Maschenstäbchen heißt Deckstreifen. Beim geraden Decken werden jedesmal gleich viel Maschen-

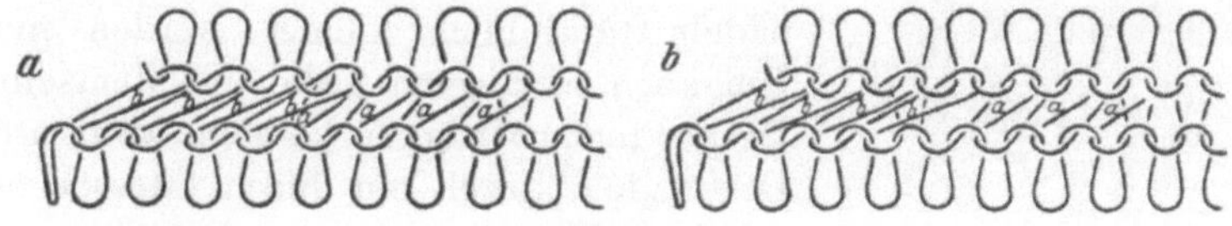

Abb. 134 a, b.

köpfe überhängt. Der Deckstreifen ist überall gleich breit. Derselbe wird schmäler oder breiter durch ein schiefes Decken (Keildecken). Man rückt den Decker vor dem Decken um eine oder zwei Teilungen nach auswärts oder nach einwärts. Die außerhalb des Warenrandes stehenden Decknadeln sind, da sie sich auf leere Nadeln auflegen, unwirksam. An Zweinadelstühlen ist jedesmal um zwei Maschen zu mindern. Die beiden Doppelmaschen werden bei der Herstellung besserer Ware noch durch ein geteiltes Decken voneinander getrennt, wozu man zwei Decker benötigt. Beim deutschen Mindern überhängt

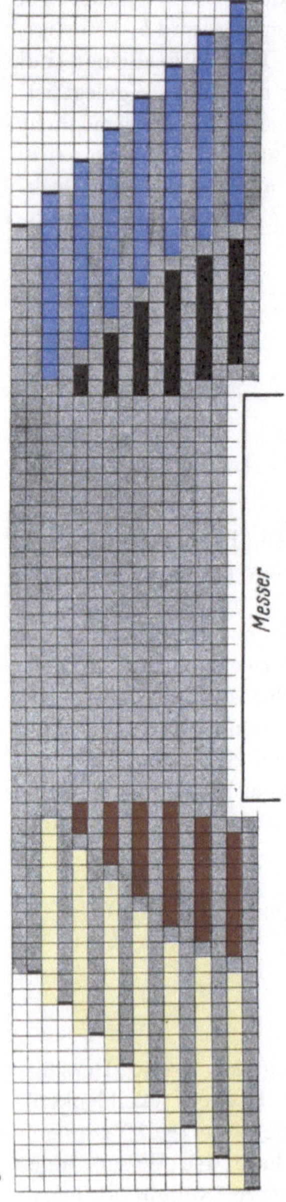

man nach Abb. 134 a zuerst mit dem inneren Decker die Maschenköpfe *a* um eine Nadel und dann mit dem äußeren Decker die Maschenköpfe *b* um zwei Nadeln nach einwärts. Man erhält zwei Deckstreifen, von welchen der äußere auch keilförmig sein kann. In Abb. 134 b ist ein durch französisches Decken geminderter Rand gezeichnet. Die beiden Decker stehen vor dem Decken um eine Teilung voneinander ab. Die Masche auf der Nadel, welche sich in diesem Zwischenraume befindet, wird also nicht abgehoben. Man kann in diesem Falle die Decker zugleich verschieben, weil die Maschenköpfe *a* mit den Maschenköpfen *b* keine Doppelmasche bilden und braucht nur den äußeren Decker zu verschieben, der dann den inneren Decker nach dem Anstoßen um eine Teilung mitnimmt.

Erwähnt sei noch das Spitzkeildecken, auf welche Art jedoch nur die Spitzen von gewirkten Strümpfen gemindert werden. Da man den inneren Deckstreifen mindert, so ist dasselbe ohne Einfluß auf die Form. Das Keildecken des inneren Deckstreifens ist nicht so einfach, weil für jedes folgende Decken die Anzahl der Decknadeln tatsächlich kleiner werden muß. Um auch in diesem Falle mit demselben Decker fortarbeiten zu können, werden die Decknadeln durch ein Blech (Messer) abgehoben. Eine derart geminderte Strumpfspitze ist in Abb. 134 c gezeichnet. Das Messer hat die Breite der mittleren Stäbchen. Der äußere Decker deckt gerade, der innere schief. Nach erfolgtem Decken wird dieser Decker um eine Teilung einwärts geschoben, damit für das nächste Decken die

Decker wieder um eine Teilung voneinander abstehen und der Deckstreifen stärker abnimmt. Dabei schieben sich die Decknadeln auf

das festliegende Messer auf und werden beim Auflegen auf die Stuhlnadeln zurückgehalten.

Beim geteilten Ausdecken werden nach Abb. 135 zum Schließen
der beiden Öffnungen die Maschenköpfe der vorigen Reihe und, da sich
diese mit der Dcknadel schwer aufnehmen lassen, auch noch die Seitenteile der neben der Öffnung befindlichen Maschen mitgenommen und
auf die leere Nadel übertragen.

Die Herstellung mancher Gebrauchsgegenstände ist mit der Bildung
des Stoffes und der Form noch nicht beendet. Besondere, noch not-

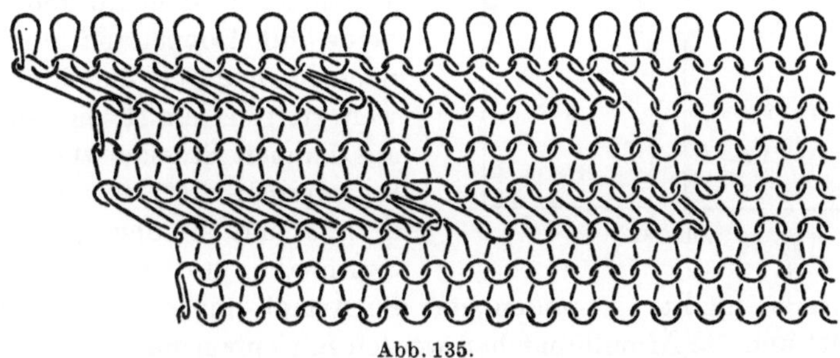

Abb. 135.

wendige Vollendungsarbeiten sind: die Ausfertigung und die Ausrüstung
der Waren. Zu den ersteren rechnet man das Nähen und Ketteln,
das Besetzen mit Webstoffen, um an bestimmten Stellen die Festigkeit
zu erhöhen oder die Dehnbarkeit zu beseitigen, das Annähen von Knöpfen
und Bändern, das Ausnähen der Knopflöcher, das Füttern u. dgl.
Ausrüstungsarbeiten sind: das Waschen, Bügeln, Pressen, Formen,
Rauhen, Walken usw. Diese Arbeiten stehen jedoch in keiner engeren
Beziehung zur Stoffherstellung, weshalb sie nur erwähnt werden.

Kleidungsstücke.

a) Jacken.

Sportjacke (Sweater), Abb. 136. Man unterscheidet an derselben
folgende Teile: das Leibstück, bestehend aus dem Vorderteil V und
dem Rückenteil R, die Ärmel A
mit den Manschetten M und den
Kragen K. In der einfachsten
Ausführung sind alle Teile flache
Stücke von der richtigen Größe,
die nur zusammenzunähen sind.
Der Vorder- und Rückenteil
werden mit Doppelrand D begonnen. Kragen und Manschet-
ten sind Randstücke aus glatter Rechts- und Rechtsware oder

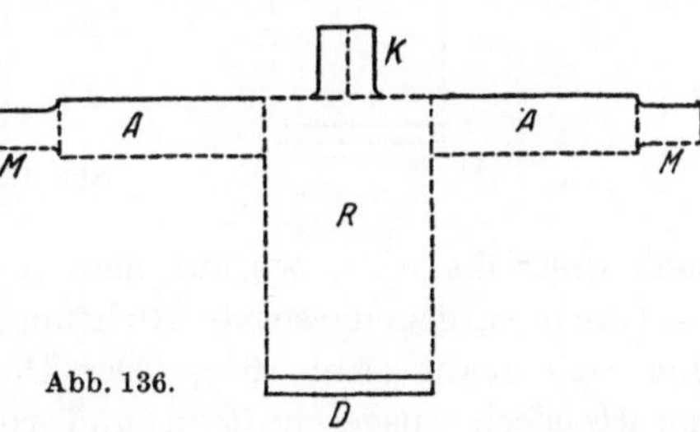

Abb. 136.

Patentbänderware. Die Teile werden so wie angegeben ist vernäht, wodurch sich auch das Halsloch und die Ärmellöcher ergeben. An den Schultern werden die Teile auch angekettelt statt vernäht. Ebenso kann man den Kragen und die Manschetten anketteln.

Geschnittene Damenjacke (Pullover), Abb. 137. Das Netz setzt sich zusammen aus dem Vorderteil V, dem Rückenteil R, beide mit Doppelrand und den nach oben durch Zunehmen erweiterten Ärmeln A, die sämtlich aus flachen Stücken zugeschnitten werden. Rücken- und Vorderteil sind an den Seiten mit Saumnaht, auf den Schultern

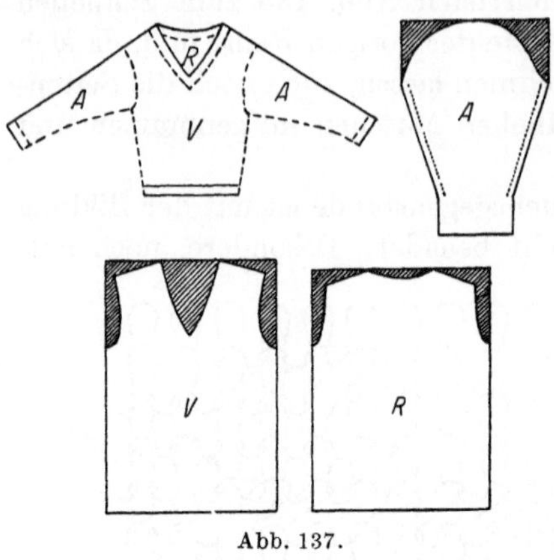

Abb. 137.

mit Hinterstichnaht verbunden und die Ärmel eingesetzt. Der Halsausschnitt und die Ärmelbündchen werden mit einem Bande aus glatter Ware eingefaßt.

Damenunterjacken und Leibchen. Beim gestrickten Unterjäckchen, Abb. 138a, wird das Leibstück an den Schultern mit Netzreihe begonnen. Die Ärmellöcher entstehen, indem auf beiden Nadelreihen zugleich

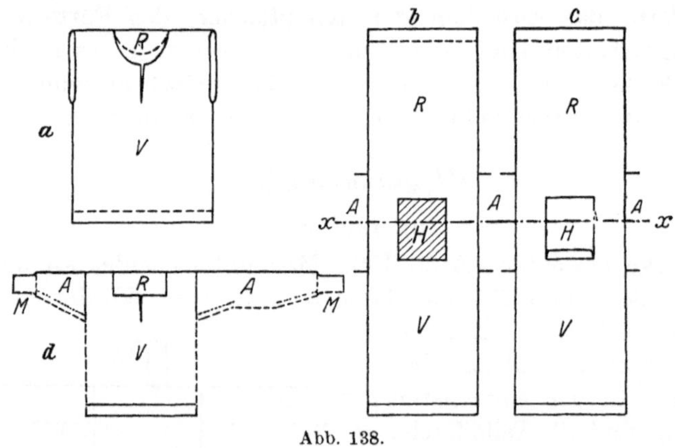

Abb. 138.

flach gestrickt wird, worauf man in Rundstricken übergeht. Haben die Gänge entgegengesetzte Richtung, so erhält man auf beiden Seiten eine Scheinnaht (Abb. 60). Der Doppelrand unten wird angenäht, das Halsloch ausgeschnitten und rückwärts angenäht. Die Ränder des Halsausschnittes und des Brustausschnittes sind mit einem Streifen zu besetzen. Soll das Leibstück aus Rechts- und Rechtsware ohne Schulternaht (die an stärkerer Ware wulstig ist) hergestellt werden, so beginnt man nach Abb. 138b mit Doppelrand, und die Vorder- und Rückenteile sind in einem Stück zu arbeiten. Das Halsloch H wird etwas tiefer ausgeschnitten, damit beim Falten um die Achse x der Rand vorne etwas tiefer steht als rückwärts. Der zweite Doppelrand wird angenäht und der Halsausschnitt eingefaßt. Das Leibstück wird nach Abb. 138c auch mit regulärem Halsausschnitte hergestellt, indem man die Achselbänder zweiteilig arbeitet. Die offenen Maschenköpfe sind durch Draufreihen zu schützen und die unterbrochenen Maschenstäbchen beginnen beim Übergang in den Rückenteil wieder mit Netz. Die Arbeitsweisen nach Abb. 138b und c sind auch üblich, wenn das Leibstück auf einer flachen Nadelreihe gewirkt wird. Eine weitere Entwicklung zeigt Abb. 138d, wo auch der Brustausschnitt regulär gearbeitet ist. Die Ärmel werden gleich an das Leibstück angearbeitet und gemindert. Man unterscheidet ganze und halbe Ärmel, doch werden auch Jacken ohne Ärmel erzeugt, ferner Keilärmel (Abb. 138d) und Kugelärmel, die am Achselende durch Decken die Form in Abb. 137 erhalten.

b) Hosen.

Badehose, Abb. 139. Das Netz besteht aus dem Vorderteile V, dem Rückenteile R und dem Zwickel Z. Vorder- und Rückenteil sind gleich und werden mit Doppelrand hergestellt und gemindert. Man näht die beiden Teile zusammen und setzt an den Einschnitten S in der Mitte den Zwickel ein. Ein Stück glatter Ware von rechteckiger Form wird um die Diagonale gefaltet und mit je zwei zusammenstoßenden Kanten an die Schnittränder des Vorder- bzw. des Rückenteiles angenäht. Das Einsetzen des Zwickels hat den Zweck, die Beinöffnungen zu erweitern. Der Umfang

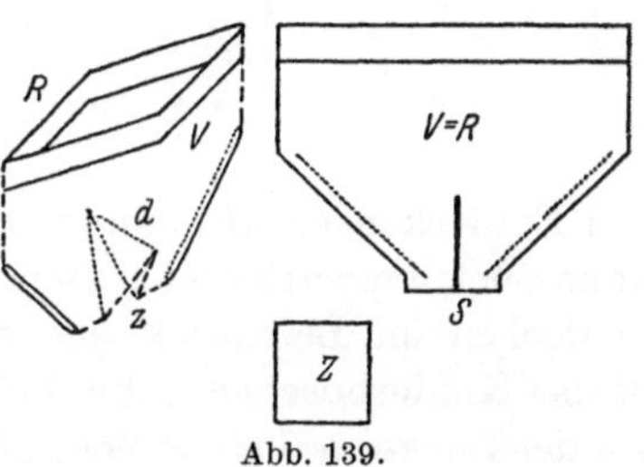

Abb. 139.

vergrößert sich nämlich beim Übergang vom Leibstück in die Beine für jedes derselben um die Länge der Diagonale d des Zwickels.

Unterhosen. Die Herrenhose, Abb. 140a, besteht aus dem Leibstücke, den Beinen mit dem Zwickel und den Randstücken an denselben. Das Leibstück ist rückwärts höher als vorn und wird durch den Bund eingefaßt. Es ist vorne offen und wird im oberen Teile zugeknöpft. Der Rückenteil kann mit Schnüren auf verschiedene Weite zusammengezogen werden und besitzt deshalb auch einen kurzen Schlitz. Die Weite der Beine nimmt nach unten zu ab. An dieselben sind Randstücke angearbeitet, angekettelt oder angenäht. An billigeren Hosen sind auch

die Beine unten geschlitzt und mit Bändern versehen. Die einfachste
Herstellungsart der Hose ist folgende. Jedes Bein wird für sich rund
und das halbe Leibstück im Anschlusse halboffen gestrickt. Dann
vernäht man die beiden Hälften des Rückenteiles in der Mittellinie und
setzt im untersten Teil den Zwickel wie an der Badehose ein. Beginnt
man die Hose beim Bund zu arbeiten, so sind die Beine durch Mindern
zu formen. Strickt man in der entgegengesetzten Arbeitsrichtung,
so kann das Bein gleich an das Randstück angearbeitet werden und
muß dann durch Zu-
nehmen erweitert wer-
den. Die Teile sind am
Bunde etwas zu falten,
damit die Hose im
Gesäß die größte Weite
erhält. An flach ge-
strickten oder gewirk-
ten Hosen erhalten die
Beine vom Zwickel
nach abwärts eine
Naht. In Abb. 140b
sind die beiden Hälf-
ten einer flach gewirk-
ten Hose mit verstärk-
tem Sitz und verstärk-
ter Innenseite der
Beine gezeichnet. Die
Form wird durch Aus-

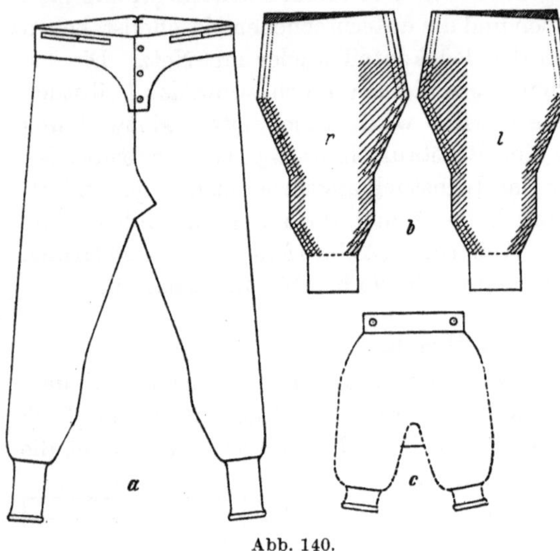

Abb. 140.

und Eindecken erhalten und die Teile gewöhnlich gleich an das flache
Randstück angearbeitet. Beim Stricken und Zunehmen entfällt das
Eindecken im Leibstück und die Hose wird im Bund gefaltet. Anders
ist das Kinderhöschen, Abb. 140c, zusammengesetzt. Der Vorderteil ist
wie der Rückenteil ein Stück. Das Leibstück beginnt mit einem Doppelrand und die Beine gehen in Randstücke aus. Da das Höschen im übrigen
aus Fangware besteht, so entsteht die gezeichnete Form wegen der
Unterschiede im Einspringen. Beide Teile werden an den Seiten zu-
sammengenäht und der Zwickel eingesetzt. Arbeitet man die Hälften
von oben, so werden die Beine einzeln oder zweiteilig angearbeitet.
Bei der Herstellung von unten beginnt man beide Beine zugleich mit
je einem halben Randstück und geht dann in einteiliges Stricken über.

    Reithose, Abb. 141. An Reithosen sollen am Sitz und an der Innen-
seite der Beine keine Nähte liegen. Dementsprechend ist das Netz
derart zu entwickeln, daß die Hose nur Außennähte erhält und daher
auch die Erweiterungen beim Übergang vom Leibstück in die Beine

in anderer Weise als durch das Einsetzen des Zwickels bewerkstelligt
werden. Außerdem ist die Verstärkung unerläßlich. In Abb. 141
bedeuten: *r* das rechte, *l* das linke Hosenbein, *R* den Rückenteil, *V* den
Vorderteil des Leibstückes. Die Beine hängen in der Mitte in der Breite
von 7—8 cm zusammen, indem sich die Stäbchen aus dem einen Teil
in den anderen fortsetzen. An die Maschenköpfe bzw. an die Köpfe
der Platinenmaschen des Schlitzes bei *R* und *V* dieses Formstückes
wird der Rückenteil *R* und der Vorderteil *V* angewirkt. Man erhält
dann das ganze Formstück aus lauter ununterbrochen fortlaufenden

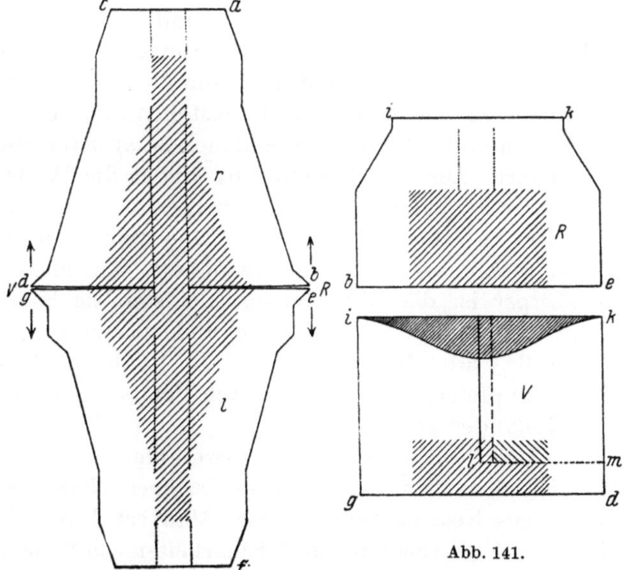

Abb. 141.

Maschenstäbchen, die erst am Rande enden. Das Netz wird geschlossen
durch Zusammennähen der Kanten *a—b* mit *c—d* und *e—f* mit *g—h*
(äußere Naht der Hosenbeine), ferner der Kanten *b—i* von *R* mit *d—k*
von *V* und *e—k* von *R* mit *g—i* von *V* (Seitennaht des Leibstückes).
An Stelle des Zwickels wurde also die Anzahl der Stäbchen durch jene,
an welchen die Hosenbeine in mittlerem Teile zusammenhängen und die
im Leibstücke nicht enthalten sind, vergrößert. Die Verstärkung ist in
der Zeichnung durch Schraffierung angegeben. Zu der Herstellung
ist noch folgendes zu bemerken. Jedes Hosenbein wird an der Reihe
b—d bzw. *e—g* einzeln begonnen und durch Eindecken um je zwei
Nadeln geformt. Der Deckstreifen reicht bis zu den mittleren Stäbchen
(die Punkte sind die Doppelmaschen). Es sind daher sehr breite Decker
erforderlich, die nur die Seitenbewegung zum Überhängen der Maschen
und keine Versatzbewegung ausführen. Ist das eine Hosenbein beendet,

so werden die Platinenmaschen der mittleren Stäbchen aufgestoßen und das zweite Hosenbein ebenso hergestellt. Damit sich die Kanten am Schlitze im Vorderteile etwas übereinander legen, wird der rechte Teil von V an der Reihe $l—m$ des linken Teiles in etwas größerer Breite begonnen. An die Kanten $a—c$ und $h—f$ kettelt man die Randstücke an, und die Reithose wird im übrigen wie eine gewöhnliche Unterhose ausgefertigt.

c) Strümpfe.

Man unterscheidet am Strumpfe, Abb. 142, folgende Teile: den Längen, bestehend aus dem Doppelrande A, dem Oberlängen B, der Wade C und dem Unterlängen D, die Ferse E und den Fuß, bestehend aus dem Fußblatt F_1, der Sohle F_2 und der Spitze G. Die Form des Strumpfes ergibt unmittelbar ein Netz aus zwei Teilen: einem schlauchartigen Teil, bestehend aus Längen und Fuß, und der Ferse. Der Schlauch ist an zwei Stellen erweitert. Die eine Erweiterung bildet die Wade C, die andere befindet sich beim Übergange vom Fuß in die Ferse bzw. den Unterlängen. Eine weitere, bemerkenswerte Abmessung ist die Risthöhe r. Am menschlichen Körper ist die Risthöhe am kleinsten am Kinderfuße, am größten am Frauenfuße und von einer mittleren Größe am Männerfuße. Die Risthöhe kann am Strumpfe geregelt werden durch Veränderung der Länge (Höhe) der Ferse.

Um die Herstellung des Strumpfes zu vereinfachen, wird derselben statt des zweiteiligen Netzes ein einteiliges Netz zugrunde gelegt. Man erhält das einteilige Formstück durch Einarbeiten von Reihen (Standardstrümpfe). Andrerseits ist das zweiteilige Netz zu einem mehrteiligen entwickelt worden. Die weitere Zerlegung der Form kann entweder nur die Ferse betreffen (Käppchenferse), oder sich auch auf den Fuß erstrecken (englischer Fuß).

Ist vom Längen nur der Unterlängen vorhanden, so heißt der Strumpf Socken. Derselbe wird gewöhnlich an ein Randstück angearbeitet.

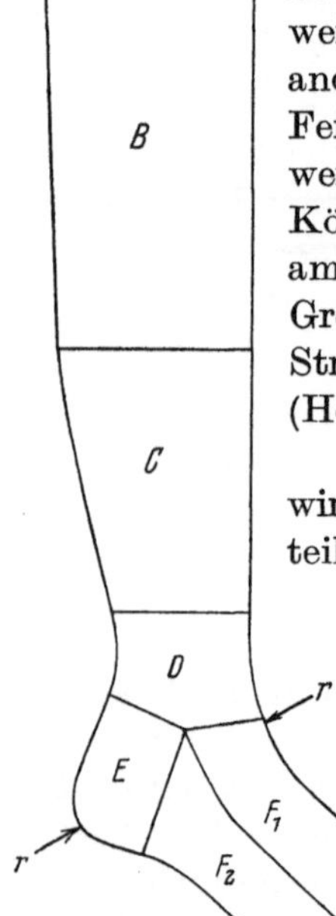

Abb. 142.

Der Strumpf wird an einzelnen Stellen im Gebrauche außerordentlich stark beansprucht. Man verstärkt deshalb gewöhnlich die Ferse und die Spitze, seltener auch die Sohle und andere Stellen.

Der Standardstrumpf, Abb. 143. Derselbe wird auf einer rundgeschlossenen Nadelreihe gestrickt. Man erzeugt ein Schlauchstück als Längen *L* und ein kürzeres als Fuß *F*. Ferse *E* und Spitze *G* werden im Anschlusse an den Längen und Fuß durch Einarbeiten flacher Stücke hergestellt. Zu Beginn der Spitze wird etwa die Hälfte der Nadeln abgestellt und der Faden nur den übrigen Nadeln zugeführt. Der doppelkeilförmige Teil entsteht durch Ab- und Zunehmen auf die in Abb. 128 b angegebene Art. Nach Beendigung des flachgestrickten Stückes werden die zu Beginn abgestellten Nadeln auf einmal wieder eingerückt und hierauf rund fortgestrickt. Die Ferse *E* entsteht auf die gleiche Art, doch arbeitet man dieselbe etwas breiter, indem man zu Beginn eine

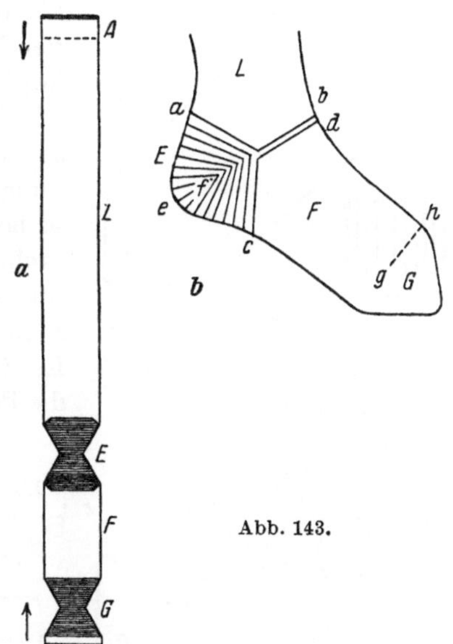

Abb. 143.

kleinere Anzahl von Nadeln abstellt, aber dennoch auf die gleiche Breite wie an der Spitze abnimmt. In Abb. 143 b ist *a — b* die letzte Reihe des Unterlängens, *c — d* die erste Reihe des Fußes und *e — f* die kürzeste Reihe an der Ferse. Die Spitze *G* wird geschlossen (*g — h*), indem man die letzte Reihe der Spitze mit der letzten Reihe am Fuße verkettelt.

Der Socken wird an ein Randstück angearbeitet und demnach zuerst der Unterlängen hergestellt. Strümpfe arbeitet man in der entgegengesetzten Richtung. Man beginnt mit der Spitze. Nachdem der Unterlängen beendet ist, werden die folgenden Reihen mit allmählich größerer Schleifenlänge hergestellt und auf diese einfache Weise die Wade geformt. Man arbeitet die Strümpfe anschließend in Bändern. Der Doppelrand wird nachträglich angekettelt.

Dieser Strumpf hat den Fehler, daß die meisten Abmessungen nur annähernd entsprechen, denn die Arbeitseignung der rundgeschlossenen Nadelreihe ist eine beschränkte. Die Erweiterung durch Lockerarbeiten liefert keine beständigen Formen, weshalb man die verschiedenen Weiten in Längen und Fuß nicht genau regeln kann (etwa wie durch das Decken). Die Spitze ist zu breit, die Ferse zu schmal und vor allem zu kurz. Die Risthöhe kann nicht geändert werden, weil die erste Reihe des Fußes die gleiche Anzahl von Maschen besitzen muß wie die letzte Reihe des Unterlängens. Der Standardstrumpf hat deshalb nur als Kinderstrumpf die richtige Form.

Gestrickter Strumpf mit Keilferse, geminderter Wade und Spitze, Abb. 144. Der Strumpf wird auf der flachen Strickmaschine hergestellt,

auf welcher man die Wade und Spitze durch Decken bilden kann.
Der Längen *L*, Abb. 144a, wird auf der einen Seite vorne und rückwärts
zugleich durch Decken gemindert. Die Keilferse arbeitet man als
flaches Warenstück am besten auf einer der beiden Nadelreihen (z. B.
auf der rückwärtigen). Man muß dann, damit die Ferse die richtige
Lage im Strumpfe erhält, den Längen absprengen und für das Anarbeiten
der Ferse anders aufhängen. Die dazu
notwendige Vierteldrehung kann dargestellt werden, wenn man sich dieselbe
als ein Abwälzen der Ware auf den beiden Nadelreihen vorstellt. Die Maschenköpfe für die erste Reihe der Ferse *E* sind
um die halbe Breite des Unterlängens versetzt gezeichnet, und da in der Abbildung die Ferse nach rechts versetzt ist,
so befindet sich die Wade nach der Verdrehung der Ware rück-
wärts, wo auch die
Ferse herzustellen ist.
Es ist auch möglich,
die Ferse gleich im An-

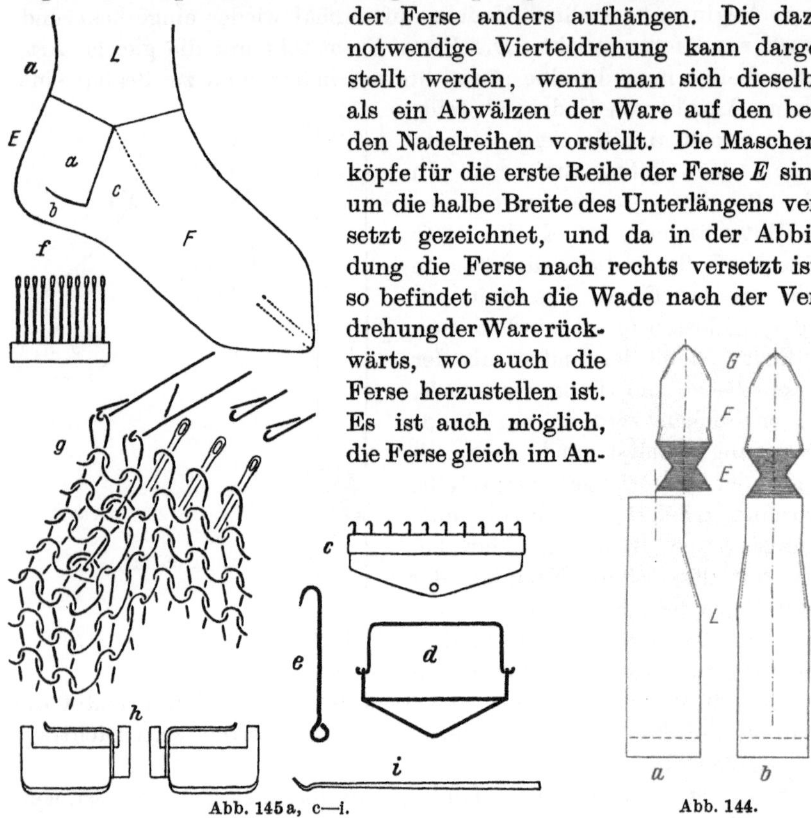

Abb. 145a, c—i.   Abb. 144.

schlusse an den Längen fortzuarbeiten, wenn man nach Abb. 144b
die Wade beiderseits deckt. Obwohl diese Arbeitsweise einfacher ist,
so wird sie selten angewendet, da die Minderungen nicht beisammen
liegen. Der Strumpf läßt sich nicht flach legen. Nach Beendigung
des Einarbeitens der Ferse wird wieder rund fortgestrickt, wobei die
Weite des Fußes durch Decken nach Erfordernis vermindert werden
kann. Die Spitze deckt man ebenfalls beiderseits, vorne und rückwärts, und schließt sie ab, indem man das Fadenende durch die
letzten Maschenköpfe zieht. Auch dieser Arbeitsweise des Strumpfes
liegt noch das einteilige Netz zugrunde.

Die Käppchenferse, Abb. 145. Das Netz der Ferse besteht aus zwei rechteckigen flachen Stücken, dem Fersenteile *a*, Abb. 145a, und der Kappe *b*. Die Hohlform entsteht durch das Anarbeiten der freien Maschenköpfe von *a* an die Randmaschen von *b*. Da der Fersenteil *a* in beliebiger Länge erzeugt werden kann, so ist die Risthöhe leicht zu regeln, und die Ferse ist gleich gut für Kinder-, Frauen- und Männerstrümpfe. Der Anschlag für den Fuß *F* setzt sich zusammen aus den freien Maschenköpfen des Käppchens *b*, den Randmaschen des Fersenteiles *a* und den freien Maschenköpfen des Unterlängens *L*. Da dieser Anschlag größer ist als der Umfang des Fußes, so vermindert man die Breite durch Eindecken des Fußkeiles *c*.

Die etwas umständliche Arbeitsweise auf der flachen Strickmaschine ist nach Abb. 145b in den Einzelheiten folgende: Nachdem der Unterlängen *L*, Abb. 145a, beendet ist, wird die Ware von den Nadeln abgenommen (Schutzreihen). Die Ferse wird gewöhnlich auf der rückwärtigen Nadelreihe gearbeitet. Bei rechts gedeckter Wade befindet sich nach der Vierteldrehung des Längens das Fadenende rückwärts in der Mitte, und die erste Reihe des Fersenteiles *a* ist, wenn man die Reihe regelrecht fortsetzt, von der Mitte nach rechts zu stricken. Dieses Viertel der vollen Reihe wird zuerst aufgehängt, und nachdem die

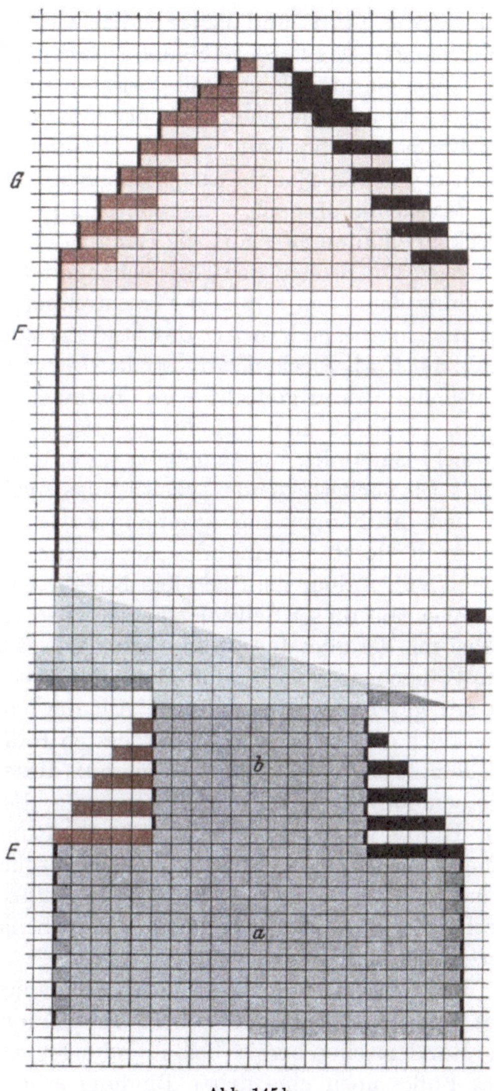

Abb. 145b.

8*

Reihe bis zum Rande fortgestrickt wurde, auch die vordere Hälfte und das linke rückwärtige Viertel aufgehängt. An Stelle der Warenabzugsschnalle ist der Häkchenkamm, Abb. 145c, in den vorderen Teil des Unterlängens einzuhängen. In den Fersenteil a wird der Fersenabziehbügel, Abb. 145d, und später in das Käppchen b der Haken, Abb. 145e, eingehängt. Das vordere Schloß ist abzustellen.

Nachdem der Fersenteil fertig gestrickt wurde, überhängt man beiderseits jene Maschenköpfe der letzten Reihe, um welche die Breite im Käppchen abnimmt, auf die Decknadelkämmchen, Abb. 145f, und zieht die leeren Nadeln ab. Beim Stricken des Käppchens wird dann ein Maschenkopf nach dem anderen abwechselnd rechts und links vom Decknadelkämmchen auf die Randnadel übertragen. Man stellt also, während die Reihen des Käppchens entstehen, zugleich auch die Verbindung derselben mit dem Fersenteil her, Abb. 145g. Dieser Vorgang ist als eine besondere Art des Deckens aufzufassen und ist deshalb in Abb. 145b als Decken dargestellt. Der eingezeichnete Fadengang gibt Aufschluß, wann gedeckt wird. Befindet sich das Schloß (der Faden) links, so deckt man auf der rechten Seite, steht das Schloß rechts, so deckt man links, bis schließlich alle offenen Maschenköpfe eingebunden sind. Die nächstfolgende Arbeit ist das Aufhängen der Ferse. Es besteht in dem Aufhängen der zweiteiligen Randmaschen des Fersenteiles a neben der letzten Reihe des Käppchens. Man hängt die rechte Ferse zuerst auf, indem man so viele Nadeln einrückt, als zweiteilige Randmaschen auf dieser Seite des Fersenteiles vorhanden sind. Man beginnt dabei mit der obersten Randmasche, hängt diese neben die Randmasche des Käppchens und die übrigen, eine nach der anderen nebeneinander in der gegebenen Reihenfolge. Auf der vorderen Nadelreihe befinden sich noch die Maschenköpfe der letzten Reihe des Unterlängens auf den Nadeln. Nachdem die Ferse bis auf diese Breite aufgehängt wurde, bleiben noch einige Maschenköpfe übrig, die man auf beide Nadelreihen zur Hälfte verteilen muß, um für das Rundstricken des Fußes wieder eine rundgeschlossene Reihe von Maschenköpfen als Anschlag zu erhalten. Man strickt jetzt die erste Reihe des Fußes nach rechts und verfährt hierauf auf der linken Seite ebenso, worauf der Fuß F rund fortgestrickt werden kann.

Das Aufhängen der Ferse ist in der Fachzeichnung durch Verstärken des Farbtones dargestellt. Diese Bezeichnung ergibt sich daraus, daß die Randmaschen bereits beide Bindungen haben, somit beim Anarbeiten des Fußes noch eine dritte Bindung erhalten, wodurch eine Art von Plattierung zustande kommt. Der Fuß wird einige Reihen in der Breite des Anschlages gestrickt und hierauf zum Fußkeil abgenommen. Damit die Breite allmählich abnimmt, deckt man nur vorn (Abb. 131g und h). Ferse und Spitze werden durch einen Zulaßfaden verstärkt.

An Stelle der Deckerplättchen, Abb. 145f, verwendet man zum Tragen der Maschenköpfe auch die Maschenhalter, Abb. 145h, meist aber nur gewöhnliche Nadeln, auf die man die Maschenköpfe aufreiht. Zum Aufhängen der Maschenköpfe bedient man sich der Mindernadel, Abb. 145i. Da das Anarbeiten des Fersenteiles an das Käppchen viel Zeit erfordert, so wird beim Arbeiten auf Maschinen feiner Teilung die Verbindung nicht auf der Maschine gebildet, sondern diese Teile nachträglich verkettelt.

Die französische Ferse, Abb. 146. Die Käppchenferse hat die halbe Breite des Unterlängens. Sie wird breiter nicht hergestellt, weil man sonst auch die vordere Nadelreihe benützen muß, was die Arbeit bedeutend erschwert. Dieser Umstand entfällt bei der Herstellung der französischen Ferse. Dieselbe wird nach Abb. 146a durch Halboffenstricken in einem Stücke erzeugt. An den Unterlängen L wird die Ferse E angestrickt, indem man auf der lin-ken Seite vorn und rückwärts gleich-viel Nadeln abstellt oder ausrückt und auf den übrigen Nadeln den Unterlängen fortsetzt. Die Ferse wird im oberen Teile durch ein ent-sprechendes, beiderseitiges Decken abgerundet und endet mit einer Reihe offener Maschenköpfe, die bei der Ausfertigung des Strumpfes

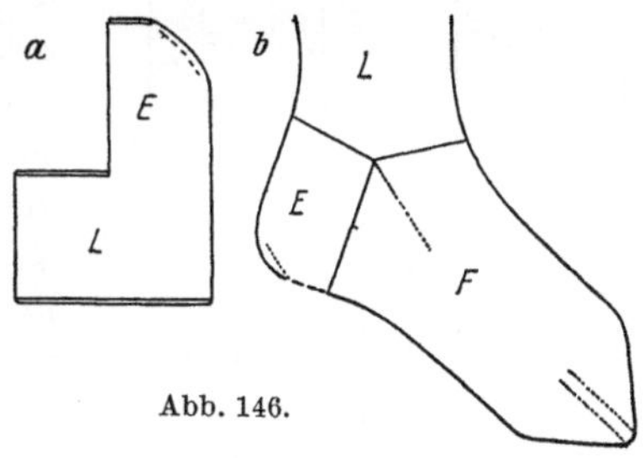

Abb. 146.

verkettelt werden. Der Anschlag für den Fuß, Abb. 146b, setzt sich zusammen aus den offenen Maschenköpfen des Unterlängens und den Randmaschen der Ferse.

Da das Netz des rundgestrickten Strumpfes mit französischer Ferse nur zweiteilig ist, so hat derselbe nebst der besseren Form auch das einfachere Netz.

Der flach gestrickte oder gewirkte Strumpf, Abb. 147. Aus dem Strumpf, Abb. 142, entsteht ein flaches Warenstück, wenn man den schlauchförmigen Teil (Längen und Fuß) durch eine neue Netzlinie spaltet. Diese kann eine von den beiden Konturlinien sein, die vom Doppelrande bis zur Spitze verlaufen. Von diesen Netzlinien (Schnitt-linien) liefert die durch das Fußblatt gehende das einfachere Netz. Die andere zerlegt auch die Ferse, was nicht notwendig ist, da die Ferse ohnehin schon ein flaches Stück ist. Dennoch wird diese Netzlinie bevor-zugt, weil es schwieriger ist, die Ferse in der Mitte eines flachen Waren-stückes zu bilden und weil der Strumpf bei der Ausfertigung an dieser Netzlinie zusammenzunähen ist. Eine Naht über die Sohle und Wade aber fällt weniger auf als eine Naht über das Blatt. Flach gearbeitete Strümpfe werden fast ausschließlich gewirkt, selten gestrickt.

In Abb. 147a ist das offene Netz eines flach gewirkten Strumpfes mit Deckelkeilferse gezeichnet. Das Netz ist einteilig, denn die Ferse wird durch Einarbeiten von Reihen hergestellt, und der Strumpf kann deshalb ohne Unterbrechung bis zur Spitze gearbeitet werden. Die Form des Längens, Fußes und der Spitze wird gedeckt. Man mindert rechts und links, was einfacher ist als das Decken von rundgeschlossener Ware. Aus diesem Grunde, und weil das Mindern mit der Zaschendecknadel leichter ist, wird in allen Arten gedeckt. Die Wade und der Fußkeil sind gerade, um je zwei Maschen gemindert. Der Deckstreifen ist breiter als am gestrickten Strumpfe.

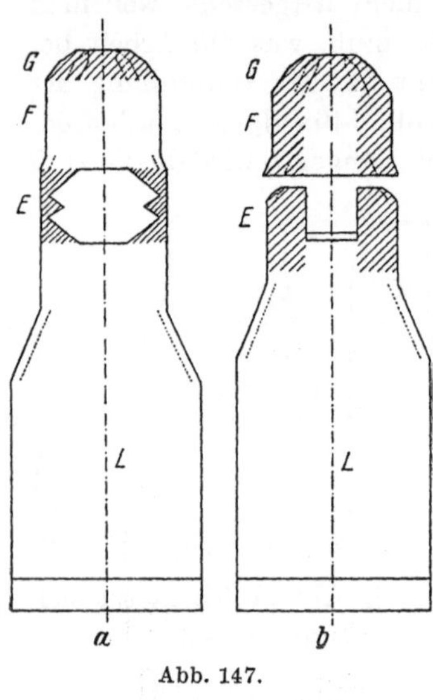

Abb. 147.

An der Spitze wird geteilt gedeckt (Abbildung 134 a oder b), anfangs außen schief (keilförmiger äußerer Deckstreifen), zum Schlusse durch Spitzkeildecken (Abb. 134c). Die Ferse E ist zweiteilig zu arbeiten, da sie von der neuen Netzlinie geteilt wird. Nach Fertigstellung des Unterlängens arbeitet der Fadenführer an der einen halben Ferse fort, während für die andere halbe Ferse ein zweiter Fadenführer einzurücken ist. Beide Fadenführer arbeiten zugleich. Die Maschenköpfe des mittleren Teiles bleiben auf den Nadeln, die bis zur Beendigung der Ferse abgestellt sind. Das Ab- und Zunehmen wird nach Art der Abb. 128c ausgeführt. Es wird zweimal ab- und zugenommen, um eine größere Anzahl von Reihen einzuarbeiten. Ferse und Spitze sind mit einem Beifaden verstärkt. Der Doppelrand wird aufgehängt (Abb. 121). Die Ausfertigung des flach gewirkten Strumpfes ist umständlicher. Der Strumpf ist längs der Mittellinie zu falten, und die freien Maschenköpfe an der Spitze sind zu verketteln, wonach die beiden Ränder von der Spitze bis zum Doppelrande mit der Handnaht, Abb. 110, oder mit der Regulärnaht, Abb. 114c, verbunden werden.

Der flach gewirkte Strumpf wird heute allgemein mit französischer Ferse ausgeführt (regulär-gearbeiteter Strumpf, Cottonstrumpf). Nach Beendigung des Unterlängens wird die zweiteilige Ferse, Abb. 147b, angearbeitet und dazu noch ein zweiter Fadenführer eingerückt. Die Maschenköpfe des mittleren Teiles des Längens werden später, beim Anarbeiten des Fußes wieder aufgestoßen, weshalb man zum mittleren Teil noch einige Schutzreihen hinzufügt, demnach zunächst dreiteilig arbeitet. Die Fersenteile werden gegen das Ende durch ein entsprechend schiefes Decken abgerundet und, nachdem sie die hinreichende Länge erhalten haben, abgesprengt. Der Anschlag für den Fuß setzt sich zusammen aus den inneren Randstäbchen der Fersenteile, die zu diesem Zwecke um 90 Grad nach außen zu drehen sind, und den offenen Maschenköpfen des Mittelstückes. Die Randmaschen der Fersenteile sind nicht so regelmäßig zu verteilen wie am gestrickten Strumpfe, sondern einzustoßen. Die Notwendigkeit ergibt sich daraus, daß an normal gearbeiteter Ware die Entfernung der Reihen voneinander kleiner ist als die Entfernung der Nadeln und ferner die Dehnbarkeit der Ware in der Richtung der Reihe größer ist als im Stäbchen.

Außer der Ferse und Spitze ist noch die Sohle und ein Teil des Unterlängens in der Breite der Ferse (Hochferse) verstärkt. Bei der Ausfertigung sind auch die offenen Maschenköpfe an der Ferse zu verketteln. Der Fuß wird mitunter mit einem so breiten Decker gemindert, daß der Deckstreifen des Fußkeiles bis zum Mittelstücke reicht (Keil innen Decken). Bei der Minderung der Spitze ist zu beachten, daß die Doppelmaschen, mit welchen der innere Deckstreifen abschließt, nach dem Falten des Strumpfes in der Mitte liegen müssen. Was zu Abb. 144b hinsichtlich der Minderung der Wade gesagt wurde, gilt hier ebenso für die Spitze. Sie läßt sich nicht gut legen. Man arbeitet deshalb die Spitze mitunter zweiteilig und deckt jede Hälfte beiderseits. Es entfällt dann das unwichtige aber schwierige Spitzkeildecken und die Form wird besser.

Der englische Fuß, Abb. 148. Die Reihenfolge, in welcher die Teile bei der Herstellung des Strumpfes entstehen, kann verschieden sein. Der Standardstrumpf wird entweder mit dem Längen oder mit der Spitze begonnen. Sonst folgt gewöhnlich auf den Unterlängen zuerst die Ferse und dann wird an beide der Fuß angearbeitet. Eine Änderung der Reihenfolge ist möglich, wenn man den Fuß in Blatt und Sohle zerlegt und das Fußblatt im Anschluß an den vorderen Teil des Längens fortsetzt, die Ferse an den rückwärtigen Teil des Längens und an dieselbe anschließend die Sohle anarbeitet. Die Spitze kann entweder nach Abb. 148a gemeinsam an Sohle und Blatt angearbeitet werden, oder sie wird ebenfalls zweiteilig und jeder Teil im Anschlusse an den betreffenden Teil des Fußes, Abb. 148b, hergestellt. Der Strumpf mit englischem Fuß erhält demnach bei der Ausfertigung zwei Seitennähte, entweder bis zur Spitze oder auch noch durch dieselbe.

Die Herstellung des englischen Fußes an rundgestrickten Strümpfen ist nach Abb. 148a folgende. Man arbeitet allein auf der vorderen Nadelreihe der flachen Strickmaschine das Fußblatt F_1 an den Unterlängen und sprengt ab. Dann wird auf der rückwärtigen Nadelreihe die Ferse E und Sohle F_2 angestrickt. Hierauf hängt man auch die letzte Reihe des Fußblattes wieder auf die Nadeln der vorderen Nadelreihe und strickt in der gewöhnlichen Weise die Spitze an.

Der flach gewirkte Strumpf mit englischem Fuß wird gewöhnlich
in der Zusammensetzung Abb. 148b und c hergestellt. An den mittleren Teil des Längens L wird das Fußblatt F_1 mit der halben Spitze
angewirkt und die beiden Fersenteile (E) nach Vollendung oder zugleich
mit dem Fußblatte angearbeitet. Dann wird die
Ware abgenommen, umgewendet und die inneren
Randstäbchen der Fersenteile aufgestoßen. In
Abb. 148c ist die rechte Warenseite schraffiert.
Die Anordnung der Fersenteile auf den Nadeln
ist die umgekehrte wie für den Anschlag zum
gewöhnlichen Fuße. An
diesen Anschlag, der
breiter ist als das Fuß-
blatt, wird die Sohle F_2
mit der anderen halben
Spitze angewirkt und
anfangs der Fußkeil ge-
deckt.

Die Herstellung des
Strumpfes mit engli-
schem Fuß ist wegen
der größeren Anzahl der
Teile umständlich. Doch

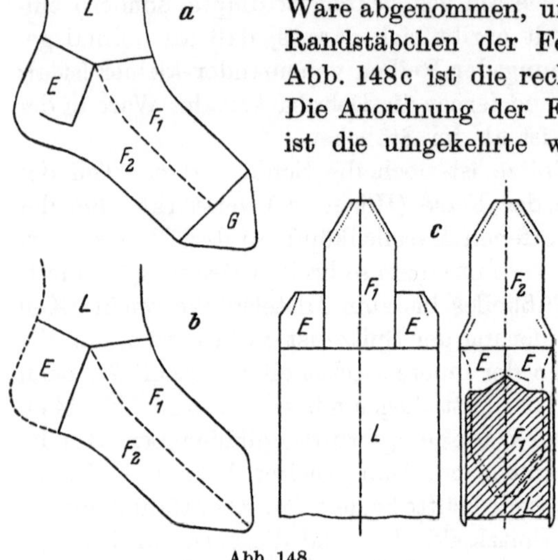

Abb. 148.

ist andrerseits die weitere Zerlegung des Netzes in der angegebenen
Art so günstig, daß sich gegenüber dem gewöhnlichen Strumpfe auch
Vorteile ergeben. Man kann den Längen und das Fußblatt einerseits
und die Ferse, Sohle und Spitze andrerseits leicht mit einem Faden
von verschiedener Stärke oder Farbe oder aus verschiedener Ware,
z. B. glatter Ware und Fangware, herstellen. Ferner hat der Strumpf
keine Sohlennaht und die bessere zweiteilige Spitze.

d) Handschuhe.

Der rundgestrickte Handschuh, Abb. 149. Das geschlossene Netz
des Handschuhes besteht aus einem schlauchförmigen Teil von größerer
Weite, dem Handstücke, das an einen Längen oder ein Randstück
angearbeitet wird, und fünf schlauchförmigen Teilen von geringerer
Weite, den Fingern, welche an das Handstück anzuarbeiten sind. Diese
Teile werden auf der flachen Strickmaschine rundgestrickt. Der Übergang vom Handstück in die Finger ist verschieden. Die Entwicklung
des Netzes an diesen Stellen heißt Ansatz. Man unterscheidet den Ansatz des Daumens und den Ansatz der Finger.

Das rundgearbeitete Handstück O, Abb. 149a, ist an der Stelle,
wo der Daumen später anzuarbeiten ist, durch Aus- und Eindecken

erweitert. Um das Daumenloch zu erhalten, wird an der betreffenden
Stelle, in der Breite, die es haben soll, ein Sonderfaden *f* eingearbeitet.
Da diese kurze Reihe die Maschen der beiden aufeinander folgenden
Reihen des Handstückes verbindet, so werden von der einen Reihe die
Maschenköpfe, von der nächsten die Platinenmaschen frei, wenn man
den Sonderfaden herauszieht. Das Handstück wird mit einer Links-
reihe beendet. Das Fadenende befindet sich also rechts. Zuerst werden
die Finger angestrickt. Der Daumen steht an der Hand den Fingern

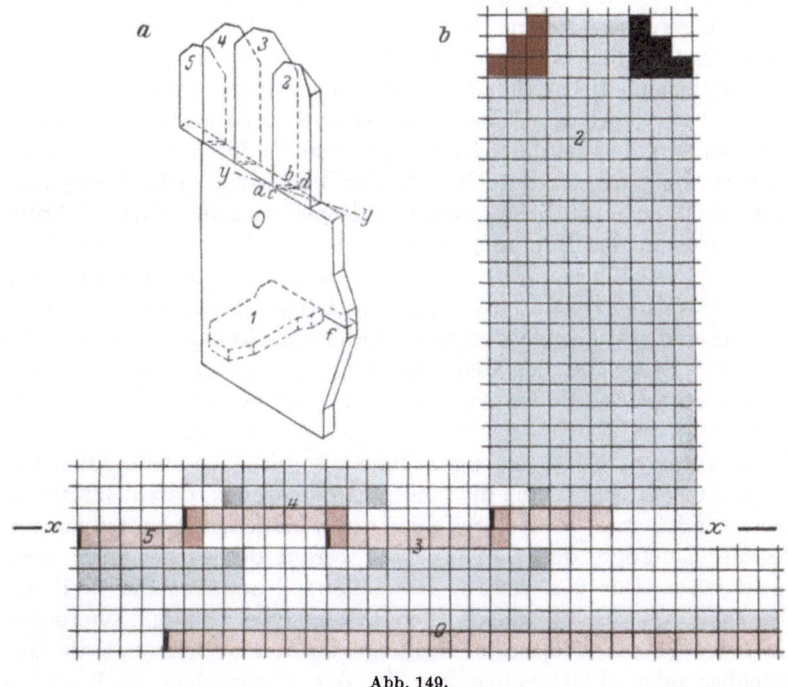

Abb. 149.

gegenüber. Da die Ansatzstelle desselben durch den Sonderfaden
schon gegeben ist, so ist beim Anarbeiten der Finger auf diese Stellung
Rücksicht zu nehmen. Man dreht deshalb das Handstück vor dem
Aufhängen der Maschenköpfe um so viel nach einwärts (die vordere
Reihe nach links), daß der an Stelle des Sonderfadens später angestrickte
Daumen die strichlierte Lage einnimmt.

Das Ansetzen der Finger ist in Abb. 149b dargestellt. Die Finger
2—5 sind von der Linie *x—x* aus gezeichnet, Finger *2* und *4* nach aufwärts, Finger *3* und *5* nach abwärts, die Finger *3—5* nur eine Reihe
über den Ansatz hinaus. Man beginnt mit der Herstellung des Zeigefingers *2*. Dieser Finger wird in der Breite von 10 Maschen gestrickt.

Nach der Drehung des Handstückes O kommt der Endfaden und die vier letzten Maschenköpfe des Handstückes von rückwärts nach vorn. Man hängt diese Machenköpfe, dazu noch die danebenbefindlichen 6 ersten Maschenköpfe der letzten Reihe des Handstückes auf die Nadeln und strickt mit dem Endfaden zunächst diese 6 Maschen nach links ab, was in der Zeichnung durch die 6 roten Bindungsvierecke dargestellt ist.

Da die Maschenanzahl des Handstückes zum Anarbeiten der vier Finger nicht hinreicht, weil der Umfang des Handstückes kleiner ist als die Summe der Umfänge der Finger sein soll, so besteht das Netz der Finger aus zweierlei Teilen, u. z. aus jenen, die durch Fortsetzung der Maschenstäbchen aus dem Handstück hervorgehen, und aus den Maschenstäbchen, die unabhängig vom Handstücke von einem Finger in den nächsten verlaufen. Das Netz ist ebenso zusammengesetzt wie in Abb. 141, wo die Weite der Hosenbeine r und l durch das Mittelstück vergrößert wird, dessen Stäbchen in das Leibstück nicht übergehen. Diese neuen Maschenstäbchen werden jedesmal an zwei Maschenköpfen der Schutzreihen des Handstückes begonnen, und sobald man mit der Herstellung des nächsten Fingers anfängt, werden die Platinenmaschen der neuen Stäbchen als Maschenköpfe aufgehängt. Da die Hilfsmaschenköpfe jedesmal auf die rückwärtige Nadelreihe kommen, so sind die Ränder der Teile, die aus dem Handstücke hervorgehen, um diese Breite versetzt, und die Finger legen sich teilweise übereinander (Abbildung 149a).

Beim Ansetzen des Zeigefingers folgen somit nach Abb. 149b auf der rückwärtigen Nadelreihe die beiden Hilfsmaschen, deren Bindungsvierecke leer gelassen wurden, weil sie nur vorübergehend benützt werden und 8 Maschenköpfe des Handstückes, worauf der Finger rund fortgestrickt wird. Für den Ansatz des Fingers 3 kommen die, weil ein zweites Mal verwendet, durch Verstärkung des Bindungsviereckes bezeichneten Maschenköpfe auf die angegebenen Nadeln und die dazwischenliegenden Platinenmaschen in der natürlichen Reihenfolge wieder dorthin, wo die Bindungsvierecke leer sind. Auf der anderen Seite dieses Fingers werden wieder zwei Hilfsmaschen aus den Schutzreihen aufgenommen usw.

Diese Anordnung ist im Netze Abb. 149a folgendermaßen dargestellt. Im Finger 2 setzt sich die ganze vordere Seite aus dem Handstücke, rückwärts setzen sich nur die 8 Maschen vom rechten Rande fort. Die schiefe Strecke $a—b$ bedeutet die beiden Hilfsmaschen. Durch die Achse $y—y$ wird getrennt, was vorn bzw. rückwärts zu arbeiten ist. $c—d$ sind die Platinenmaschen für die Fortsetzung in den nächsten Finger 3. Es sind also ac und bd die zweimal verwendeten, in Abb. 149b durch Verstärkung des Farbtones angegebenen Maschen. Die Maschenfolge für den Finger 2 ist: $cabd$, für den Finger 3: $acdb$. Die Verteilung der Maschen aus dem Handstücke und der neu hinzutretenden Maschen ist für alle vier Finger folgende:

	5.	4.	3.	2. Finger
Rückwärtige . .	7 (1) — (2)	7 (1) — (2)	8 (1) — (2)	8 Nadelreihe
Vordere	5 (3) —	7 (3) —	8 (3) —	10 Nadelreihe

(Rechter Männerhandschuh, Strickmaschine Nr. 6 engl.)

Bei der Herstellung des linken Handschuhes werden die Finger entgegengesetzt gleich angesetzt. Hinsichtlich der Länge der Finger ist zu beachten, daß an der normal geformten Hand der Mittelfinger *3* am längsten ist. Der Zeigefinger *2* ist nur etwas, der Ringfinger *4* bedeutend kürzer. Der kleine Finger *5* endet etwas oberhalb der Mitte des Mittelfingers. Nachdem die Finger fertiggestrickt sind, wird der Daumen an die Maschenköpfe und Platinenmaschen des Daumenloches angestrickt und in den ersten Reihen gemindert. Beim Anarbeiten des Handstückes an ein flaches Randstück ist nicht zu übersehen, daß die Naht, mit welcher die Randstäbchen verbunden werden, nach der Drehung des Handstückes zwecks Einwärtsstellung des Daumens, in die Mitte kommt. Es ist also schon beim Aufhängen des Randstückes die spätere Drehung zu berücksichtigen.

Das Netz des Handschuhes ist für den Ansatz des Daumens weiter entwickelt worden am sog. Karlsbader Handschuh. Das Handstück wird statt durch Ausdecken, durch das Anarbeiten eines neuen Teiles *m*, Abb. 150, erweitert. An das rundgestrickte Handstück, Teil *I*, wird auf der vorderen Nadelreihe mit dem Endfaden *f* (links) das flache Stück *m* angestrickt. An dieses strickt man den Daumen *1* an, indem man zunächst die Maschen-

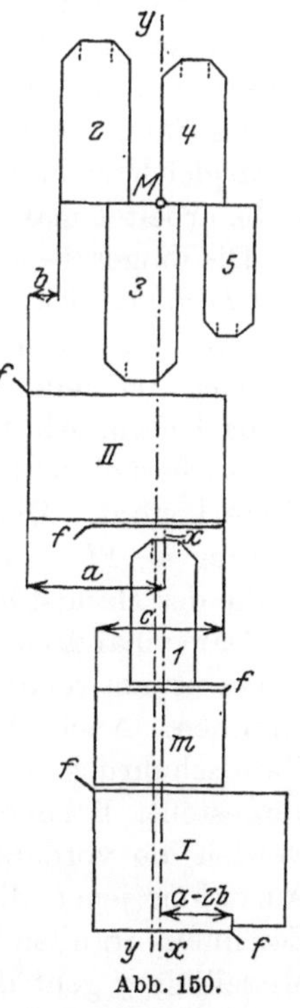

Abb. 150.

köpfe des linken Viertels der letzten Reihe von der vorderen auf die rückwärtige Nadelreihe überhängt, hierauf mit dem auf der rechten Seite befindlichen Endfaden auf der vorderen Nadelreihe eine um dieses Stück kürzere Reihe nach links strickt, die Maschenköpfe des rechten Viertels auf die rückwärtige Nadelreihe überhängt und mit dem jetzt links befindlichen Fadenende auf der rückwärtigen Nadelreihe die erste Reihe des Daumens *1* herstellt, worauf der Daumen durch Rundstricken ausgearbeitet wird.

Die nächste Arbeit besteht in dem Anarbeiten des oberen Teiles *II* des Handstückes an *m* und den unteren Teil *I*. Die Ware wird von den Nadeln abgenommen und um die Mittellinie durch den Daumen (*x*) gefaltet. Dieses Falten ist in der Zeichnung dargestellt durch das Versetzen der Mittellinie bzw. der vorderen Maschenstäbchen um das Stück *a* (Abwälzen). Der Endfaden des Handstückteiles *I* befindet sich dann an der angegebenen Stelle von *II* auf der rückwärtigen Nadelreihe. Man hängt auf der linken Seite zuerst die Randmaschen des Stückes *m* vorn und rückwärts auf die Nadeln. Die oberste Randmasche des rechten Randstäbchens von *m* kommt auf die letzte Nadel links vorn und die oberste Randmasche des linken Randstäbchens von *m* auf die letzte Nadel links rückwärts. Anschließend nach rechts folgen dann die Maschenköpfe des Handstückes *I*. An diesen Anschlag wird sodann der Handstückteil *II* angearbeitet. Die Breite desselben kann gleich oder auch größer sein als die Breite des Stückes *I*. Im letzten Falle arbeitet man das Stück *m* etwas länger.

Die Finger *2—5* werden in der schon erklärten Art an die letzte Reihe von *II* angestrickt. Vorher ist das Warenstück um *b*, zwecks Einwärtsstellung des Daumens zu drehen. Der rechte Handschuh ist in der gleichen Art herzustellen. Sind die Handschuhe an flache Randstücke anzuarbeiten, so hat man beim Aufhängen derselben die späteren Drehungen zu berücksichtigen, damit am fertigen Handschuh die Naht in die Mitte kommt. Die Randstäbchen des Randstückes sind in der Entfernung *a—2b* von der Mittellinie *x* vorn aufzuhängen und die erste Reihe des Handstückes *I* von dieser Stelle vorn nach links zu stricken.

Damenhandschuhe werden meist am Handschuhrücken gemustert, wobei es notwendig ist, die Mittellinie am Handschuhrücken zu bestimmen. Nach der soeben beschriebenen Herstellungsart wird der Handschuhrücken zum größten Teil auf der rückwärtigen Nadelreihe hergestellt. Bei den Drehungen bzw. den Abwälzungen des Handstückes werden die vorderen und rückwärtigen Maschenstäbchen bewegt, mit Ausnahme jener, die innerhalb von *c* liegen. Nur diese bleiben auf der Zeichnung in allen Teilen (*I*, *II* und den Fingern) unverrückt, und die Mittellinie *y* geht durch den Halbierungspunkt *M* des Fingeransatzes.

Der flachgearbeitete Handschuh. Derselbe wird gewöhnlich aus Rechts- und Rechtsware gestrickt. Das Netz ist sehr einfach, und die der Hand entsprechende Form kann deshalb nur noch durch Formen auf Grund der Dehnbarkeit der Ware erreicht werden. Die Herstellungsart eines Handschuhes aus glatter Rechts- und Rechtsware ist nach Abb. 151 folgende: Das Randstück *R* und das Handstück *O* werden in einem hergestellt und mit einer glatten Reihe, welche die Warenkante zusammenhält, begonnen (statt eines Doppelrandes). Die Finger *2* und *5* strickt man in der vollen Breite an. Dann wird die Ware längs der Achse *x* gefaltet und zuerst der vierte und hierauf der dritte Finger angestrickt. Die neuen Stäbchen, um welche die Weite dieser Finger vergrößert wird, beginnen an den Randmaschen des zuvor hergestellten Fingers. Man hängt also zuerst diese Randmaschen *b* in Abb. 151a und b auf die Nadeln und dazu anschließend die Maschenköpfe des gefalteten Handstückes in der Breite *a* und *c*. An diesen Anschlag strickt man den Finger, der nach Beendigung abgesprengt, gefaltet und ebenfalls mit den Randmaschen *b* aufgehängt wird, um für den nächsten Finger den Ansatz der neuen Stäbchen zu liefern. Damit sich die Finger am fertigen Handschuh etwas übereinander legen, nimmt man aus dem Handstücke (neben *b*) nicht die gleiche Anzahl von Maschenköpfen. *a* und *c* sind verschieden groß.

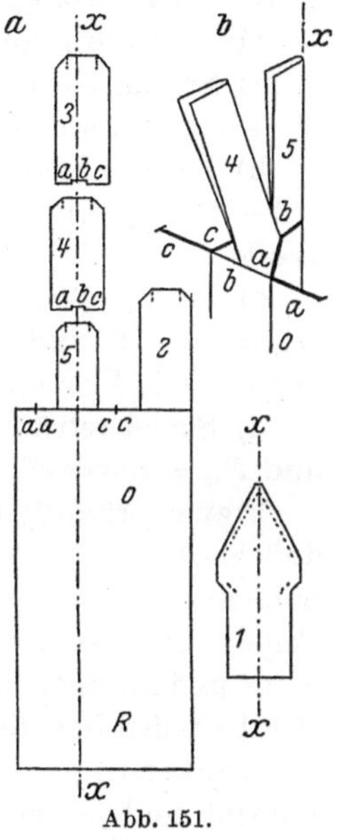

Abb. 151.

Der Daumen *1* wird für sich flach gestrickt und durch Aus- und Eindecken geformt. Er wird um *x* gefaltet und einfach eingenäht. Man näht die Seitenränder des Rand-Handstückes zusammen und läßt einen Schlitz in der geeigneten Länge frei, wo der Daumen mit dem keilförmigen Ende einzusetzen ist. Dabei wird auch der Zeigefinger *2* um seine Mittellinie gefaltet, und die Naht rückt daher mit dem Daumen nach einwärts. Schließlich vernäht man auch die einzelnen Finger und den Daumen. Der rechte Hanschuh wird in der gleichen Art hergestellt, doch ist stets zu beachten, daß der zweite Handschuh seitenverkehrt zu arbeiten ist.

Warenübersicht.

a) Strümpfe und Socken.

Diese Gebrauchsgegenstände sind die ältesten und nehmen immer noch die erste Stelle ein. Sie werden regulär gewirkt oder gestrickt. Geschnittene Strümpfe werden nicht mehr erzeugt. Die meisten Strümpfe und Socken bestehen aus glatter Ware.

Formen und Größen. Man unterscheidet:

a) Damenstrümpfe. Sie werden in den Längen: halblang, lang und ganzlang (Wadenstrümpfe) und in den Größen 1—3 hergestellt.

b) Herrenstrümpfe. Dieselben sind halblang und haben die Größen 1—4.

c) Kinderstrümpfe. Der Längen besteht meist aus glatter Rechts- und Rechtsware oder Patentränderware, der Fuß aus glatter Ware. Größen 1—10.

d) Herrensocken aus glatter Ware, seltener aus Fangware in den Größen 1—4.

e) Kindersocken aus glatter Ware und glatter Rechts- und Rechtsware in den Größen 1—10.

Qualitäten von Strümpfen und Socken aus glatter Ware.

a) Starke Ware von der flachen Strickmaschine in den $N_m = 6—12$ (7, sog. Hausstrickware) und $N_w = 80$, aus Baumwolle oder Wolle.

b) Leichte Ware von der Rundstrickmaschine in den $N_m = 8—22$ (13—15 Normalware) und $N_w = 50—70$, aus Baumwolle, Flor und Wolle.

c) Bessere Ware (Cottonstrümpfe und Socken) flach gewirkt in den $N_m = 20—26$ und $N_w = 70—90$ (Sommer- und Winterqualität), aus Baumwolle, Flor und Wolle, (Chappeseide).

d) Schleierstrümpfe (Cottonware) flach gewirkt in den $N_m = 26—36$ und $N_w = $ unter 50, aus Flor und Kunstseide (Tramaseide).

Frauenstrümpfe bestehen aus feinerer, Herren- und Kinderstrümpfe und Socken aus gröberer Ware. Ferse und Spitze sind stets verstärkt, Sohlenverstärkung ist seltener. Der Zulaßfaden hat etwa den vierten Teil der Stärke des Grundfadens. An Schleierstrümpfen ist stets auch die Sohle und mitunter noch der Oberteil, der Rand und das Knie verstärkt. Der Beifaden hat die Stärke des Grundfadens.

Musterung und Ausrüstung. Alle Strümpfe und Socken werden geformt und je nach Erfordernis gewaschen, gebleicht, im Stücke gefärbt, merceriert, gerauht (Wollappretur) oder gewalkt (Kastorsocken, Jagdstrümpfe). Man unterscheidet einfärbige und gemusterte Socken und Strümpfe. Die Farben werden in der einfachsten Weise angeordnet zu Querstreifen, Längsstreifen, Schotten und kleineren einfachen Figuren durch Ringeln, Plattieren; seltener sind Split-, Bunt- und Preßmuster. Strümpfe aus durchbrochener Ware (Petinet-Damenstrümpfe) sind entweder gedeckt oder die Durchbrechungen entstehen durch Preßmusterung.

b) Unterkleider (Trikotagen).

Sämtliche leichteren Waren eignen sich für Unterkleidung und haben im Vergleiche mit den gewebten Wäschestoffen die Vorzüge der größeren Geschmeidigkeit und Luftdurchlässigkeit. Sie sind schweißsaugend, leicht waschbar, widerstandsfähig und warmhaltend. Trikotagen bilden nächst den Strümpfen die umfangreichste Gruppe von Gebrauchsgegenständen.

Die besseren Waren werden regulär gearbeitet, in den gröberen Qualitäten gestrickt, in den feineren gewirkt. Hemden und Waren von minderer Qualität werden geschnitten. Die Stoffe dazu sind schlauchförmige oder flach gestrickte und gewirkte Kulierwaren oder

Kettenwaren. Fast alle Gebrauchsgegenstände dieser Art werden konfektioniert.

Regulär gearbeitet werden:

Theatertrikot aus Baumwolle und Flor in den $N_m = 22-26$, regulär gewirkt.

Badeanzüge für Herren und Damen aus Baumwolle und Flor in den $N_m = 18-22$, glatt, halb regulär gewirkt und konfektioniert.

Unterjacken, Miederleibchen (Korsettschoner), Kinderjäckchen aus glatter Ware, gerippter Ware und Fangware, regulär, halbregulär gestrickt und konfektioniert, aus Baumwolle und Wolle in den $N_m = 12-16$. Seltener in den $N_m = 16-22$ aus Flor glatt gewirkt.

Hosen für Herren und Damen, Kinderhemdhosen aus Baumwolle und Flor. Stärkere Ausführung in den $N_m = 8-12$, gestrickt aus glatter Ware, gerippter Ware und Fangware. Bessere Ausführung in den $N_m = 16-22$, gewirkt, glatt und gemustert, konfektioniert. Herrenhosen werden in den Größen 1—6 hergestellt, Reithosen mit verstärktem Sitz und Schenkel.

Unterröcke aus Baumwolle, Wolle und Seide in den $N_m = 8-14$, regulär, halbregulär gestrickt und konfektioniert.

Geschnittene Waren.

Stoffe:

Glatter und gemusterter (Preßmuster und Petinetmuster) Rundstuhlstoff aus Baumwolle, Vigogne und Wolle in den $N_m = 27\,g - 28\,f$.

Gerippter Stoff und Fangware aus Baumwolle und Wolle in den $N_m = 12-16$, flach oder schlauchförmig, gestrickt.

Futterware aus Baumwolle. Gewöhnliche Futterware in den $N_m = 22-26\,f$ (Garne: Grundfaden 2/24—2/32, Futterfaden 1/4—1/8 Mule), Bindefadenfutterware in den $N_m = 24-26\,f$ (Garne: Deckfaden 1/30, Bindefaden 1/40, Futterfaden 1/4—1/8 Mule).

Kettenwaren leichterer Art mit dichter, geschlossener Fadenlage, flach und rund gewirkt, aus Baumwolle, Wolle und Seide.

Konfektion:

Hemden für Herren und Damen aus Baumwolle, Flor und Wolle (Seide), glatt und gemustert in den Größen 1—5 (Sommerhemdenstoff $N_m = 24-28\,f$, Winterhemdenstoff $N_m = 27\,g-24\,f$). Herrenhemden mit doppelter Brust oder mit Zephirvorhemd, an der Schulter oder vorn zu knöpfen, mit Besatz, Normaljägerhemden, Touristenhemden mit Taschen und Kragen. Damenhemden nur mit Besatz.

Hosen für Herren und Damen aus Baumwolle und Wolle (Sommerstoff $N_m = 22-26\,f$, Winterstoff $N_m = 27\,g-22\,f$), aus glatter Ware

Strickware, Preßmusterware und Futterware. Damenreformhosen aus Wolle. Pelzhosen, gewalkt. Hemdhosen für Kinder aus Vigogne.

Leibchen. Herrenleibchen aus Baumwolle, glatt oder Netzleibchen aus durchbrochenen Stoffen in den $N_m = 20-26\,f$. Damenunterjacken und Miederleibchen aus Baumwolle und Wolle, aus glattem Stoff, gerippter Ware und Fangware, Kettenware in den $N_m = 10-14$ rundgestrickt und $N_m = 27\,g-24\,f$ rundgewirkt.

Unterröcke aus Baumwolle und Wolle wie Damenjacken.

c) Oberkleider.

Regulär gearbeitet.

Handschuhe werden gestrickt, selten gewirkt. Fingerhandschuhe: Winterhandschuhe aus Wolle in den $N_m = 8-12$, glatt und gemustert. Sommerhandschuhe für Damen aus Flor in den $N_m = 12-16$, glatt und durchbrochen in der Ausführung als kurze Halbhandschuhe (sog. Mittons) und lange Halbhandschuhe. Kinder- und Sportfäustlinge. Handschuhgrößen: für Kinder 1—6, für Damen 7—9, für Herren 10—12.

Damenkleider. Jacken und Westen mit und ohne Ärmel aus Wolle und Kunstseide in den $N_m = 8-14$, gestrickt, nur gemustert (gerippt, Fang, Bunt- und Preßmuster), auch gerauht.

Herrenwesten mit und ohne Ärmel aus Wolle in den $N_m = 8-14$, gestrickt, aus Fangware und gemustert (Bunt- und Noppenmuster)-Größen 1—4.

Sportkleider. Sweater, Stulpen, Gamaschen, Pulswärmer, Kniewärmer usw. aus Wolle in den $N_m = 8-12$, gestrickt, aus gerippter Ware, Fangware, Links- und Linksware, meist gemustert (Buntmuster), Ruderleibchen, Turnerleibchen und Schneehauben aus Baumwolle, Flor und Wolle in den $N_m = 18-24$, gewirkt.

Kinderkleider aus Wolle (Baumwolle) in den $N_m = 8-12$, gestrickt aus gerippter Ware, Fangware und Links- und Linksware. Erstlingssachen aus Baumwolle in den $N_m = 10-14$, gestrickt.

Mützen. Zipfelmützen aus Baumwolle, Flor und Seide in den $N_m = 20-24$, glatt gewirkt. Damenmützen aus Wolle in den $N_m = 8-12$, gestrickt (auch handgestrickt). Türkische Fez aus Wolle in den $N_m = 6-9$, gestrickt (Streichgarn 2/9—2/12), gewalkt.

Schlipse, Kragenschoner, Halstücher (Schale), aus Baumwolle Flor, Wolle und Kunstseide in den $N_m = 10-16$, flach oder rund gestrickt, glatt und gemustert, aus Kettenware in den $N_m = 12-24$.

Geschnittene Waren.

Stoffe:

Handschuhstoffe. Sommerstoffe aus Baumwolle und Flor in den $N_m = 28-36\,f$ (Rundstuhlware) und $N_m = 28-36$ (Kettenware).

Winterstoffe aus Baumwolle und Flor in den $N_m = 22-28f$ bzw. 22—28 engl. Als Futterstoff wird Wattelin verwendet. (Grundware aus Baumwollkette, Schuß aus 1/4—1/6 Mule, gerauht.)

Stoffe für Damenjacken aus Wolle in den $N_m = 8-14$, gestrickt, aus gerippter Ware oder Fangware und gemusterter Ware. Leichterer glatter Stoff aus Wolle und Kunstseide in den $N_m = 27g-26f$ (Rundstuhlstoff).

Damenkleiderstoffe aus Flor, Kunstseide und Wolle in den $N_m = 28-36f$ bzw. engl., glatt und gemustert (Rundstuhlstoffe und Kettenwaren).

Westen- und Sweaterstoffe aus Wolle in den $N_m = 8-14$, gestrickt, aus gerippter Ware, Fangware und gemustert (Noppen- und Buntmuster).

Rundstuhlstoffe aus Baumwolle, glatt und gestreift in den $N_m = 20-26f$ für Ruder- und Turnerleibchen.

Verschiedene Futterstoffe.

Konfektion.

Die Konfektion der Oberkleider richtet sich nach den meist rasch wechselnden Strömungen in der Kleiderkultur (Mode).

d) Verschiedene andere Gebrauchsgegenstände.

Bademäntel und Badetücher aus Baumwolle in den $N_m = 20-26f$, aus Plüschware, geschnitten und konfektioniert.

Frottierhandschuhe, Frottiergurte aus Baumwolle in den $N_m = 6-10$, regulär gestrickt.

Gummistrümpfe, Gummibinden (Gummifaden als Schuß), Gichtärmel, Leibbinden in den mittleren Feinheiten aus Baumwolle, Wolle, Kaschmir und Seide gestrickt.

Vorhangstoffe aus Baumwollzwirn und durchbrochener Kettenware, Besatzstoffe aus Kettenware, Putzlappen usw.

Sachverzeichnis

zugleich Verzeichnis der Fachausdrücke.

(Die Zahlen beziehen sich auf die Seiten)

Druck von Oscar Brandstetter in Leipzig.

Spinnerei, Weberei, Wirkerei. (Technologie der Textilfasern, Bd. II.)

Teil I: **Die Spinnerei.** Von Geh. Hofrat Prof. Dr.-Ing. e. h. A. Lüdicke. Mit 440 Textabbildungen. VI, 268 Seiten. 1927. Gebunden RM 28.—

Teil II: **Die Weberei.** Von Geh. Hofrat Prof. Dr.-Ing. e. h. H. Lüdicke. Die Maschinen zur Band- und Posamentenweberei. Von Prof. K. Fiedler. Die Bindungslehre. Von Johann Gorke. Mit 854 Abbildungen im Text und auf 30 Tafeln. VII, 319 Seiten. 1927. Gebunden RM 36.—

Teil III: **Wirkerei und Strickerei, Netzen und Filetstrickerei.** Von Fachschulrat Carl Aberle. Maschinenflechten und Maschinenklöppeln. Von Walter Krumme. Flecht- und Klöppelmaschinen. Von Geh. Regierungsrat Dipl.-Ing. Prof. H. Glafey. Samt, Plüsch, künstliche Pelze. Von Geh. Regierungsrat Dipl.-Ing. Prof. H. Glafey. Die Herstellung der Teppiche. Von H. Sautter. Stickmaschinen. Von Regierungsrat Dipl.-Ing. Prof. R. Glafey. Mit 824 Textabbildungen. VIII, 615 Seiten. 1927.
Gebunden RM 57.—

Als Sonderausgabe aus Teil III erschien:

Wirkerei und Strickerei, Netzen und Filetstrickerei.

Von Fachschulrat Carl Aberle, Reutlingen. Mit 439 Abbildungen. V, 312 Seiten. 1927. Gebunden RM 29.—

Handbuch der Spinnerei von Ing. Josef Bergmann †, o. ö. Professor

an der Technischen Hochschule in Brünn. Nach dem Tode des Verfassers ergänzt und herausgegeben von Dr.-Ing. e. h. A. Lüdicke, Geh. Hofrat, o. Professor emer., Braunschweig. Mit 1097 Textabbildungen. VII, 962 Seiten. 1927. Gebunden RM 84.—

Es ist erstaunlich, welche Fülle von Wissen und Können in diesem umfangreichen Werke enthalten ist, das nach dem vorzeitigen Tode Bergmanns von Professor Dr. Lüdicke in Braunschweig herausgegeben ist. Nach einer allgemeinen Technologie der Faserstoffe und der technischen Spinnerei wird die Verspinnung der einzelnen Textilfasern im einzelnen behandelt, wobei schlechterdings nichts unberücksichtigt geblieben ist. Das Werk ist in einer vorbildlich vorzüglichen Weise mit Bildern und Zeichnungen ausgestattet. Und damit liegt ein Werk vor, das alles enthält, was heute über das weitverzweigte Gebiet der Spinnerei zu sagen ist. *„Zeitschrift für die gesamte Textil-Industrie“.*

Technik und Praxis der Kammgarnspinnerei. Ein Lehr-

buch, Hilfs- und Nachschlagewerk. Von Direktor Oskar Meyer, Spinnerei-Ingenieur zu Gera-Reuß, und Josef Zehetner, Spinnerei-Ingenieur, Betriebsleiter in Teichwolframsdorf bei Werdau i. Sa. Mit 235 Abbildungen im Text und auf einer Tafel sowie 64 Tabellen. XI, 420 Seiten. 1923.
Gebunden RM 20.—

Es wird der gesamte Stoff der Kammgarnspinnerei gemäß den Anforderungen der Praxis erschöpfend behandelt. In Berücksichtigung des Umstandes, daß es für den Praktiker oft schwer ist, sich ohne größere Kenntnisse in Mathematik und Physik in das notwendige Fachwissen hineinzufinden, daß aber für die nutzbringende Arbeit eines Spinnereifachmannes neben Erfahrungen ein hohes Maß von fachlichem Wissen und Können Voraussetzung ist, haben die Verfasser auf Grund ihrer langjährigen Lehr- und Berufstätigkeit durch das ganze Werk hindurch auf eine innige Verkettung von Theorie nnd Praxis hingewirkt und dabei den umfangreichen Stoff in eine leicht faßliche Form gebracht, die es allen Berufsinteressenten, dem Techniker, Praktiker, Studierenden und Kaufmann ermöglicht, sich verhältnismäßig leicht in die Fabrikation der Kammgarne gründlich einzuarbeiten. Erleichtert wird das Studium durch zahlreiche bildliche Darstellungen von Maschinen, Apparaten und Einzeltrieben.
„Leipziger Monatsschrift für Textil-Industrie“.

Verlag von Julius Springer / Berlin

Mechanisch- und physikalisch-technische Textilunter-suchungen. Von Prof. Dr. **Paul Heermann**, früher Abteilungsvorsteher der Textilabteilung am Staatl. Materialprüfungsamt in Berlin-Dahlem. Zweite, vollständig umgearbeitete Auflage. Mit 175 Abbildungen im Text. VIII, 270 Seiten. 1923. Gebunden RM 12.—

Färberei- und textilchemische Untersuchungen. Anleitung zur chemischen und koloristischen Untersuchung und Bewertung der Rohstoffe, Hilfsmittel und Erzeugnisse der Textilveredelungsindustrie. Von Prof. Dr. **Paul Heermann**, früher Abteilungsvorsteher der Textilabteilung am Staatl. Materialprüfungsamt in Berlin-Dahlem. Fünfte, ergänzte und erweiterte Auflage der „Färbereichemischen Untersuchungen" und der „Koloristischen und textilchemischen Untersuchungen". Mit 14 Textabbildungen. VIII, 435 Seiten. 1929. Gebunden RM 25.50

Die mikroskopische Untersuchung der Seide mit besonderer Berücksichtigung der Erzeugnisse der Kunstseidenindustrie. Von Prof. Dr. **Alois Herzog**, Dresden. Mit 102 Abbildungen im Text und auf 4 farbigen Tafeln. VII, 197 Seiten. 1924. Gebunden RM 15.—

Die Unterscheidung der Flachs- und Hanffaser. Von Prof. Dr. **Alois Herzog**, Dresden. Mit 106 Abbildungen im Text und auf einer farbigen Tafel. VII, 109 Seiten. 1926. RM 12.—; gebunden RM 13.20

Technologie der Textilveredelung. Von Prof. Dr. **Paul Heermann**, früher Abteilungsvorsteher der Textilabteilung am Staatlichen Materialprüfungsamt in Berlin-Dahlem. Zweite, erweiterte Auflage. Mit 204 Textabbildungen und einer Farbentafel. XII, 656 Seiten. 1926. Gebunden RM 33.—

Betriebseinrichtungen der Textilveredelung. Von Prof. Dr. **Paul Heermann**, früher Abteilungsvorsteher am Staatl. Materialprüfungsamt in Berlin-Dahlem, und Ingenieur **Gustav Durst**, Fabrikdirektor, Konstanz a. B. Zweite Auflage von „Anlage, Ausbau und Einrichtungen von Färberei-, Bleicherei- und Appretur-Betrieben" von Prof. Dr. **Paul Heermann**. Mit 91 Textabbildungen. VI, 164 Seiten. 1922. Gebunden RM 7.50

Die chemische Betriebskontrolle in der Zellstoff- und Papier-Industrie und anderen Zellstoff verarbeitenden Industrien. Von Prof. Dr. phil. **Carl G. Schwalbe**, Eberswalde, und Chefchemiker Dr.-Ing. **Rudolf Sieber**, Kramfors, Schweden. Zweite, umgearbeitete und vermehrte Auflage. Mit 34 Textabbildungen. XIV, 374 Seiten. 1922. Gebunden RM 20.—

Waeser-Dierbach, Der Betriebs-Chemiker. Ein Hilfsbuch für die Praxis des chemischen Fabrikbetriebes. Von Dr.-Ing. **Bruno Waeser**. Vierte, ergänzte Auflage. Mit 119 Textabbildungen und zahlreichen Tabellen. XI, 340 Seiten 1929. Gebunden RM 19.50

Druckfehlerberichtigung.

S. 24 zweiter Absatz, zweite Zeile: Bäumgestelle.

S. 69, Abb. 85. Rechte und linke Seite der Maschen. Die linke Seite sollte statt mit 2 mit l bezeichnet sein.

S. 71, Abb. 89b. Die Schußlegung ist rechts geradeso in die Platinenmasche eingebunden wie links, was aber an der stark ausgezogenen Linie in der dritten Reihe rechts undeutlich ist.

S. 79 sechste Zeile von unten: statt erste Bindung soll zweite Bindung stehen.

S. 84, Abb. 104b. Die Ware wird durch das aufplattierte Stäbchen verstärkt, daher dunkleres Grau, zum Unterschiede von Abb. 104d, wo das Grau in allen Stäbchen gleich ist.

S. 104, Abb. 131b. Während des Deckens findet keine Maschenbildung statt, deshalb sollen die beiden Bindungsvierecke in der 3. und 4. Reihe, die rot sind, keine Farbe erhalten.

S. 111, Abb. 141. An der Zeichnung links fehlt links unten an der Ecke ein h.

S. 128 erste Zeile: statt Strickware soll Struckware stehen.